U0193146

化工生产安全技术与环境保护

刘红波　李　勋　杨衍超　主编

化学工业出版社

·北京·

内容简介

《化工生产安全技术与环境保护》主要介绍了化工企业安全生产和环境保护的相关技术。化工安全生产技术方面的具体内容包括化工生产安全技术与环境保护基础、典型化工反应过程安全技术、化工单元操作安全生产、化工设备安全与化工安全预测、压力容器的安全技术、化学品储存安全技术、化学实验室安全技术、防火防爆安全技术、电气与静电防护安全技术、工业防毒安全技术以及相关的管理规章制度等。化工生产与环境保护方面包括化工"三废"处理技术、清洁生产、安全与环保管理等。

本书既可以作为高等院校化工类专业及相关专业学生教材，也可作为企业安全与环保监督管理人员的培训和学习资料。

图书在版编目（CIP）数据

化工生产安全技术与环境保护/刘红波，李勋，杨衍超
主编 . —北京：化学工业出版社，2023. 6
ISBN 978-7-122-43267-4

Ⅰ.①化… Ⅱ.①刘…②李…③杨… Ⅲ.①化工生产-安全技术②化学工业-环境保护 Ⅳ.①TQ086②X78

中国国家版本馆 CIP 数据核字（2023）第 062858 号

责任编辑：彭爱铭　　　　　　　　　文字编辑：姚子丽　师明远
责任校对：宋　玮　　　　　　　　　装帧设计：关　飞

出版发行：化学工业出版社
　　　　　（北京市东城区青年湖南街 13 号　邮政编码 100011）
印　　装：北京科印技术咨询服务有限公司数码印刷分部
710mm×1000mm　1/16　印张 14¾　字数 254 千字
2023 年 8 月北京第 1 版第 1 次印刷

购书咨询：010-64518888　　　售后服务：010-64518899
网　　址：http：//www.cip.com.cn
凡购买本书，如有缺损质量问题，本社销售中心负责调换。

定　　价：68. 00 元　　　　　　　　版权所有　违者必究

前 言

近年来，中国的经济发展体系和生产方式发生了巨大变化，党和国家对安全发展、绿色发展非常重视，"安全第一，预防为主，综合治理""绿水青山就是金山银山"的说法已深入人心。国家对安全生产和环境保护越来越重视，尤其是对化工行业的安全生产和环境保护重视程度更高。化学工业是促进国家经济实现高效发展的基础工业之一，在国民经济中占有重要地位，化工企业的安全生产和环境保护是可持续发展的重要组成部分。化工安全技术在化工企业的生产中起着至关重要的作用，既能做到安全生产，以人为本，又能减少环境污染。

在安全理念的正确导向下，现代安全技术的运用有助于提升化工生产环节具体实施方案的安全设计水平，优化生产安全设计，有利于化工企业的安全生产和环境保护。化工生产安全是每个化工企业都要关注的首要问题，因为在生产的过程中，各个环节都有可能出现安全问题，需要采取有效的防护措施。提高化工生产安全管理意识，可以增强对生产安全事故的预防和控制能力，使企业可以采取有效的防治措施，进而减少生产事故的发生。

本书主要介绍化工生产安全技术，并对涉及的环境保护问题进行了分析论述。全书共分七章，内容包括化工反应过程安全技术、化工单元操作安全生产、化工设备安全与化工安全预测、压力容器的安全技术、防火防爆安全技术、电气与静电防护安全技术、工业防毒安全技术、化工"三废"处理技术、化工清洁生产、安全与环保管理等。本书是化工专业基础课程教材，编写内容较为简练，通俗易懂，便于学生理解与掌握；突出专业技术性，符合现代化工生产的特点。

本书由赣南师范大学刘红波、李勋、杨衍超主编，华德润、申佳奕、彭东参与了部分编写工作。在本书编写的过程中，除了参考相关的文献资料，还得到了许多专家学者的帮助指导，在此表示真诚的感谢。本书尽量做到内容系统全面，力求突出实战技术。因作者水平所限，书中难免有疏漏之处，希望同行学者和广大读者予以批评指正，以求进一步完善。

本书得到了赣南师范大学教材建设基金的大力资助，在此表示感谢！

作者

2022 年 12 月

目 录

第二章　化工反应过程安全技术　/ 043

第三章　化工单元操作安全生产　/ 073

第一章
绪　论

　　化工生产过程充满了未知的安全隐患，严重的情况下还会转化为安全事故，危害人身安全，造成财产损失、环境污染等。本章是对现代化学工业与化工安全相关内容的综述。

第一节　现代化学工业生产

现代化学工业与传统的化学工业不是完全相同的，有其自身的特点。

现代化学工业的生产物料大多属于危害物质。化工生产过程中使用的原料、半成品、成品种类繁多，其中约70%是易燃、易爆、有毒、有腐蚀性的化学危险品。

现代化学工业的生产工艺苛刻，广泛采用高温、高压、深冷、真空等工艺条件，显著提高了单机效率，缩短了产品生产周期，能使化工生产获得更好的经济效益。

现代化学工业的生产规模大型化。我国自20世纪80年代以来的工业发展变化非常显著，化工单元系列生产装置规模大型化发展迅速。

现代化学工业的生产过程朝着连续化、自动化、智能化的方向不断发展。现代化工，尤其是基础大化工的生产从过去主要靠人工操作、间歇生产转变为高度自动化、连续化生产，生产设备由敞开式变为密闭式，生产装置由室内走向露天，生产操作由分散控制变为集中控制，同时也由人工手动操作变为仪表自动控制操作，进而又发展为计算机控制，将来甚至发展为人工智能化控制，极大地提高了劳动生产率。

由于化学工业的固有特点，化工生产过程处处存在危险因素、安全隐患，一旦失去控制，安全隐患就会转化为事故。而这些事故往往是火灾、爆炸、毒害、污染等多种危害同时发生，会对人身、财产和环境造成巨大的伤害和破坏。因此，化学工业较其他工业生产部门对人员和环境的安全具有更大的危害性。

第二节　典型化工污染与安全事故

一、典型化工污染事件

环境污染作为一个重大的社会问题，是从产业革命时期开始的。随着科学技术、工业生产、交通运输、全球经济的不断发展，尤其是化学工业的崛起，环境污染由局部逐步扩大到区域，由单一的大气污染扩大到大气、水体、土壤和食品等多方面的污染，甚至酿成震惊世界的公害事件。

20 世纪 30～60 年代，世界上八大公害事件，部分原因跟化工生产密切关联：

(1) 1930 年 12 月 1～5 日比利时马斯河谷烟雾污染事件；

(2) 1948 年 10 月 26～31 日美国宾夕法尼亚州多诺拉大气污染事件；

(3) 20 世纪 40 年代初期美国洛杉矶光化学烟雾事件；

(4) 1952 年 12 月 5～8 日英国伦敦烟雾事件；

(5) 1953～1956 年日本熊本县甲基汞中毒事件；

(6) 1955～1972 年日本富山县神通川流域骨痛病事件（镉污染）；

(7) 1961 年日本四日市哮喘事件；

(8) 1968 年 3 月日本北九州市、爱知县米糠油中毒事件。

20 世纪 70 年代至 21 世纪初，又有被称为"新八大公害事件"发生，其中多起发生原因跟化工生产安全事故密切关联：

(1) 1976 年 7 月意大利塞维索化学污染事故；

(2) 1979 年 3 月美国三里岛核电站泄漏事故；

(3) 1984 年 11 月墨西哥液化气爆炸事件；

(4) 1984 年 12 月印度博帕尔农药泄漏事件；

(5) 1986 年 4 月苏联切尔诺贝利核电站泄漏事故；

(6) 1986 年 11 月瑞士巴塞尔桑多兹化学公司莱茵河污染事故；

(7) 全球大气污染；

(8) 非洲大灾荒。

二、典型安全事故

随着生产技术的发展和生产规模大型化，安全生产已成为社会问题，因为一旦发生火灾和爆炸事故，不但导致生产停止、设备损坏、生产链中断，使社会生产力下降，而且还会造成人员伤亡、环境污染，给国家和人民造成无法估量的损失和难以挽回的影响。

安全生产已成为化工生产发展的关键问题。装置规模的大型化、生产过程的连续化是现代化工生产发展的方向，在充分提高企业产能的同时，必须安全生产，确保生产装置长期、连续、稳定、安全运行。否则规模越大、生产越连续，一旦发生事故，损失越大，后果不堪设想。因此安全生产是现代化工生产发展的前提和保证。

国内近十年化工行业重大事故见表1-1。

表1-1　国内近十年化工行业重大事故

事故发生时间	事故名称	伤亡情况	事故环节	事故直接原因认定
2012年2月28日	石家庄市赵县某化工有限公司硝酸胍车间重大爆炸事故	25死46伤	生产	公司一车间的1号反应釜底部放料阀（用导热油伴热）处导热油泄漏着火，造成釜内反应产物硝酸胍和未反应完的硝酸铵局部受热，急剧分解发生爆炸，继而引发存放在周边的硝酸胍和硝酸铵爆炸
2013年6月3日	吉林省长春市某公司主厂房特别重大火灾爆炸事故	121死76伤	生产	公司主厂房一车间女更衣室西面和毗连的二车间配电室的上部电气线路短路，引燃周围可燃物。当火势蔓延到氨设备和氨管道区域时，燃烧产生的高温导致氨设备和氨管道发生物理爆炸，大量氨气泄漏，介入了燃烧
2013年11月22日	青岛中石化某输油管道特大泄漏爆炸事故	62人死亡，136人受伤	经营	输油管线泄漏，轻质原油流入地下排水暗渠并形成爆炸性混合气体导致爆炸
2014年3月1日	山西晋济高速公路岩后隧道特大危化品燃爆交通事故	40人死亡，12人受伤	运输	货车追尾，前车甲醇泄漏，后车电气短路，引燃泄漏的甲醇
2014年7月19日	湖南沪昆高速特大危化品爆燃事故	58人死亡，2人受伤	运输	运载乙醇的轻型货车与大客车追尾导致乙醇泄漏燃烧
2015年8月12日	天津某物流有限公司危险品仓库特大火灾爆炸事故	165人遇难，798人受伤	储存	硝化棉自燃导致堆场内危险化学品爆炸
2017年6月5日	山东临沂某有限公司重大爆炸着火事故	10人死亡，9人受伤	装卸	液化石油气运输罐车在卸车作业过程中发生泄漏，引起厂区爆炸
2017年12月9日	江苏连云港某有限公司重大爆炸事故	10人死亡，1人受伤	生产	使用压缩空气压料时，高温物料与空气接触，反应加剧（超量程），紧急卸压放空时，遇静电火花燃烧，釜内压力骤升，物料大量喷出，与釜外空气形成爆炸性混合物，遇燃烧火源发生爆炸

事故发生时间	事故名称	伤亡情况	事故环节	事故直接原因认定
2018年7月12日	四川宜宾某有限公司重大爆炸着火事故	19人死亡，12人受伤	生产	操作人员将无包装标识的氯酸钠当作丁酰胺，补充投入2R301釜中进行脱水操作，引发爆炸着火
2018年11月28日	河北省张家口市某公司重大燃爆事故	23人死亡，22人受伤	生产	氯乙烯气柜发生泄漏，泄漏的氯乙烯扩散到厂区外公路上，遇明火发生爆燃
2019年3月21日	江苏响水某化工有限公司特别重大爆炸事故	78人死亡，76人重伤	生产	长期违法储存危险废物导致自燃进而引发爆炸
2019年4月15日	齐鲁某制药有限公司重大着火中毒事故	10死12伤	施工	承包商某集团有限公司施工人员在受限空间内动火切割冷媒水系统管道过程中，引燃附近堆放的冷媒缓蚀剂（为易燃固体，属危险化学品，储存要求远离火源），燃烧时产生氮氧化物等有毒烟雾
2020年12月4日	重庆市永川区某煤矿一氧化碳超限事故	23人死亡	违规作业	煤矿未经批准，违规动火作业引发火灾

　　国内火灾爆炸、中毒窒息、危险化学品运输事故为危险化学品企业的典型多发事故。调查起数比例从高到低的事故后果依次为爆炸、中毒与火灾。按事故发生环节统计，生产事故占大多数，比例占到80%以上。针对国内反应事故形势严峻的现状，提出以下建议：①开展国内反应事故的专项调查与统计，为反应事故防控与安全监管提供支撑；②针对反应危害的监管，不应仅限于反应器中的合成反应，还应包括其他工序与环节的分解、气相燃爆与其他不相容反应等；③开展化工全流程与全生命周期的反应危害识别与评估，确保反应危害得到全面识别与评估；④对反应危害可能导致的火灾、爆炸与中毒等最终后果进行评估，对后果比较严重的装置或部位进行重点监管；⑤针对聚合、硝化与分解等工艺进行专项安全研究，形成完善的安全技术，并推广至其他工艺，从而确保重点工艺的反应危害得到控制；⑥加强反应危害的控制技术开发，制定安全操作范围，进行防止人为错误的本质安全化设计，开发完善的安全控制与紧急泄放系统，开展安全关键设备识别与监控；⑦加强管理，包括完善安全管理措施，制定紧急响应程序，编制合适的操作程序，加强培训，加强维护与清洁过程的管理等。

第三节　化工安全生产相关制度

一、安全生产方针

"安全第一，预防为主，综合治理"的安全生产基本方针，高度概括了安全生产工作的目的和任务。

安全第一，就是在生产过程中把安全放在第一重要的位置上，切实保护劳动者的生命安全和身体健康。坚持安全第一，是贯彻落实以人为本的科学发展观、构建社会主义和谐社会的必然要求。

预防为主，就是把安全生产工作的关口前移，超前防范，建立预教、预测、预想、预报、预警、预防的递进式、立体化事故隐患预防体系，改善安全状况，预防安全事故。在新时期，预防为主就是通过建设安全文化、健全安全法制、提高安全科技水平、落实安全责任、加大安全投入，构筑坚固的安全防线。

综合治理，是指适应我国安全生产形势的要求，自觉遵循安全生产规律，正视安全生产工作的长期性、艰巨性和复杂性，抓住安全生产工作中的主要矛盾和关键环节，综合运用经济、法律、行政等手段，人管、法治、技防多管齐下，并充分发挥社会、职工、舆论的监督作用，有效解决安全生产领域的问题。

"安全第一，预防为主，综合治理"的安全生产方针是一个有机统一的整体。安全第一是预防为主、综合治理的统帅和灵魂，没有安全第一的思想，预防为主就失去了思想支撑，综合治理就失去了整治依据。预防为主是实现安全第一的根本途径。只有把安全生产的重点放在建立事故隐患预防体系上，超前防范，才能有效减少事故损失，实现安全第一。综合治理是落实安全第一、预防为主的手段和方法。只有不断健全和完善综合治理工作机制，才能有效贯彻安全生产方针，真正把安全第一、预防为主落到实处，不断开创安全生产工作的新局面。

二、安全生产法规与规章制度简介

1. 《中华人民共和国安全生产法》的重要条款

第一条　为了加强安全生产工作，防止和减少生产安全事故，保障人民群众生命和财产安全，促进经济社会持续健康发展，制定本法。

第二条　在中华人民共和国领域内从事生产经营活动的单位（以下统称生产经营单位）的安全生产，适用本法；有关法律、行政法规对消防安全和道路交通安全、铁路交通安全、水上交通安全、民用航空安全以及核与辐射安全、特种设备安全另有规定的，适用其规定。

第三条　安全生产工作坚持中国共产党的领导。

安全生产工作应当以人为本，坚持人民至上、生命至上，把保护人民生命安全摆在首位，树牢安全发展理念，坚持安全第一、预防为主、综合治理的方针，从源头上防范化解重大安全风险。

安全生产工作实行管行业必须管安全、管业务必须管安全、管生产经营必须管安全，强化和落实生产经营单位主体责任与政府监管责任，建立生产经营单位负责、职工参与、政府监管、行业自律和社会监督的机制。

第四条　生产经营单位必须遵守本法和其他有关安全生产的法律、法规，加强安全生产管理，建立健全全员安全生产责任制和安全生产规章制度，加大对安全生产资金、物资、技术、人员的投入保障力度，改善安全生产条件，加强安全生产标准化、信息化建设，构建安全风险分级管控和隐患排查治理双重预防机制，健全风险防范化解机制，提高安全生产水平，确保安全生产。

平台经济等新兴行业、领域的生产经营单位应当根据本行业、领域的特点，建立健全并落实全员安全生产责任制，加强从业人员安全生产教育和培训，履行本法和其他法律、法规规定的有关安全生产义务。

第五条　生产经营单位的主要负责人是本单位安全生产第一责任人，对本单位的安全生产工作全面负责。其他负责人对职责范围内的安全生产工作负责。

第六条　生产经营单位的从业人员有依法获得安全生产保障的权利，并应当依法履行安全生产方面的义务。

第二十一条　生产经营单位的主要负责人对本单位安全生产工作负有下列职责：

① 建立健全并落实本单位全员安全生产责任制，加强安全生产标准化建设；

② 组织制定并实施本单位安全生产规章制度和操作规程；

③ 组织制定并实施本单位安全生产教育和培训计划；

④ 保证本单位安全生产投入的有效实施；

⑤ 组织建立并落实安全风险分级管控和隐患排查治理双重预防工作机制，督促、检查本单位的安全生产工作，及时消除生产安全事故隐患；

⑥ 组织制定并实施本单位的生产安全事故应急救援预案；

⑦ 及时、如实报告生产安全事故。

第二十二条　生产经营单位的全员安全生产责任制应当明确各岗位的责任人员、责任范围和考核标准等内容。

生产经营单位应当建立相应的机制，加强对全员安全生产责任制落实情况的监督考核，保证全员安全生产责任制的落实。

第二十三条　生产经营单位应当具备的安全生产条件所必需的资金投入，由生产经营单位的决策机构、主要负责人或者个人经营的投资人予以保证，并对由于安全生产所必需的资金投入不足导致的后果承担责任。

有关生产经营单位应当按照规定提取和使用安全生产费用，专门用于改善安全生产条件。安全生产费用在成本中据实列支。安全生产费用提取、使用和监督管理的具体办法由国务院财政部门会同国务院应急管理部门征求国务院有关部门意见后制定。

第二十四条　矿山、金属冶炼、建筑施工、运输单位和危险物品的生产、经营、储存、装卸单位，应当设置安全生产管理机构或者配备专职安全生产管理人员。

前款规定以外的其他生产经营单位，从业人员超过一百人的，应当设置安全生产管理机构或者配备专职安全生产管理人员；从业人员在一百人以下的，应当配备专职或者兼职的安全生产管理人员。

第二十五条　生产经营单位的安全生产管理机构以及安全生产管理人员履行下列职责：

① 组织或者参与拟订本单位安全生产规章制度、操作规程和生产安全事故应急救援预案；

② 组织或者参与本单位安全生产教育和培训，如实记录安全生产教育和培训情况；

③ 组织开展危险源辨识和评估，督促落实本单位重大危险源的安全管理

措施；

④ 组织或者参与本单位应急救援演练；

⑤ 检查本单位的安全生产状况，及时排查生产安全事故隐患，提出改进安全生产管理的建议；

⑥ 制止和纠正违章指挥、强令冒险作业、违反操作规程的行为；

⑦ 督促落实本单位安全生产整改措施。

生产经营单位可以设置专职安全生产分管负责人，协助本单位主要负责人履行安全生产管理职责。

第二十六条 生产经营单位的安全生产管理机构以及安全生产管理人员应当恪尽职守，依法履行职责。

生产经营单位作出涉及安全生产的经营决策，应当听取安全生产管理机构以及安全生产管理人员的意见。

生产经营单位不得因安全生产管理人员依法履行职责而降低其工资、福利等待遇或者解除与其订立的劳动合同。

危险物品的生产、储存单位以及矿山、金属冶炼单位的安全生产管理人员的任免，应当告知主管的负有安全生产监督管理职责的部门。

第二十七条 生产经营单位的主要负责人和安全生产管理人员必须具备与本单位所从事的生产经营活动相应的安全生产知识和管理能力。

危险物品的生产、经营、储存、装卸单位以及矿山、金属冶炼、建筑施工、运输单位的主要负责人和安全生产管理人员，应当由主管的负有安全生产监督管理职责的部门对其安全生产知识和管理能力考核合格。考核不得收费。

危险物品的生产、储存、装卸单位以及矿山、金属冶炼单位应当有注册安全工程师从事安全生产管理工作。鼓励其他生产经营单位聘用注册安全工程师从事安全生产管理工作。注册安全工程师按专业分类管理，具体办法由国务院人力资源和社会保障部门、国务院应急管理部门会同国务院有关部门制定。

第二十八条 生产经营单位应当对从业人员进行安全生产教育和培训，保证从业人员具备必要的安全生产知识，熟悉有关的安全生产规章制度和安全操作规程，掌握本岗位的安全操作技能，了解事故应急处理措施，知悉自身在安全生产方面的权利和义务。未经安全生产教育和培训合格的从业人员，不得上岗作业。

生产经营单位使用被派遣劳动者的，应当将被派遣劳动者纳入本单位从业人员统一管理，对被派遣劳动者进行岗位安全操作规程和安全操作技能的教育和培训。劳务派遣单位应当对被派遣劳动者进行必要的安全生产教育和培训。

生产经营单位接收中等职业学校、高等学校学生实习的，应当对实习学生进行相应的安全生产教育和培训，提供必要的劳动防护用品。学校应当协助生产经营单位对实习学生进行安全生产教育和培训。

生产经营单位应当建立安全生产教育和培训档案，如实记录安全生产教育和培训的时间、内容、参加人员以及考核结果等情况。

第二十九条　生产经营单位采用新工艺、新技术、新材料或者使用新设备，必须了解、掌握其安全技术特性，采取有效的安全防护措施，并对从业人员进行专门的安全生产教育和培训。

第三十条　生产经营单位的特种作业人员必须按照国家有关规定经专门的安全作业培训，取得相应资格，方可上岗作业。

特种作业人员的范围由国务院应急管理部门会同国务院有关部门确定。

第三十一条　生产经营单位新建、改建、扩建工程项目（以下统称建设项目）的安全设施，必须与主体工程同时设计、同时施工、同时投入生产和使用。安全设施投资应当纳入建设项目概算。

第三十二条　矿山、金属冶炼建设项目和用于生产、储存、装卸危险物品的建设项目，应当按照国家有关规定进行安全评价。

第三十三条　建设项目安全设施的设计人、设计单位应当对安全设施设计负责。

矿山、金属冶炼建设项目和用于生产、储存、装卸危险物品的建设项目的安全设施设计应当按照国家有关规定报经有关部门审查，审查部门及其负责审查的人员对审查结果负责。

第三十四条　矿山、金属冶炼建设项目和用于生产、储存、装卸危险物品的建设项目的施工单位必须按照批准的安全设施设计施工，并对安全设施的工程质量负责。

矿山、金属冶炼建设项目和用于生产、储存、装卸危险物品的建设项目竣工投入生产或者使用前，应当由建设单位负责组织对安全设施进行验收；验收合格后，方可投入生产和使用。负有安全生产监督管理职责的部门应当加强对建设单位验收活动和验收结果的监督核查。

第三十五条　生产经营单位应当在有较大危险因素的生产经营场所和有关设施、设备上，设置明显的安全警示标志。

第三十六条　安全设备的设计、制造、安装、使用、检测、维修、改造和报废，应当符合国家标准或者行业标准。

生产经营单位必须对安全设备进行经常性维护、保养，并定期检测，保证正常运转。维护、保养、检测应当作好记录，并由有关人员签字。

生产经营单位不得关闭、破坏直接关系生产安全的监控、报警、防护、救生设备、设施，或者篡改、隐瞒、销毁其相关数据、信息。

餐饮等行业的生产经营单位使用燃气的，应当安装可燃气体报警装置，并保障其正常使用。

第三十七条　生产经营单位使用的危险物品的容器、运输工具，以及涉及人身安全、危险性较大的海洋石油开采特种设备和矿山井下特种设备，必须按照国家有关规定，由专业生产单位生产，并经具有专业资质的检测、检验机构检测、检验合格，取得安全使用证或者安全标志，方可投入使用。检测、检验机构对检测、检验结果负责。

第三十八条　国家对严重危及生产安全的工艺、设备实行淘汰制度，具体目录由国务院应急管理部门会同国务院有关部门制定并公布。法律、行政法规对目录的制定另有规定的，适用其规定。

省、自治区、直辖市人民政府可以根据本地区实际情况制定并公布具体目录，对前款规定以外的危及生产安全的工艺、设备予以淘汰。

生产经营单位不得使用应当淘汰的危及生产安全的工艺、设备。

第三十九条　生产、经营、运输、储存、使用危险物品或者处置废弃危险物品的，由有关主管部门依照有关法律、法规的规定和国家标准或者行业标准审批并实施监督管理。

生产经营单位生产、经营、运输、储存、使用危险物品或者处置废弃危险物品，必须执行有关法律、法规和国家标准或者行业标准，建立专门的安全管理制度，采取可靠的安全措施，接受有关主管部门依法实施的监督管理。

第四十条　生产经营单位对重大危险源应当登记建档，进行定期检测、评估、监控，并制定应急预案，告知从业人员和相关人员在紧急情况下应当采取的应急措施。

生产经营单位应当按照国家有关规定将本单位重大危险源及有关安全措施、应急措施报有关地方人民政府应急管理部门和有关部门备案。有关地方人民政府应急管理部门和有关部门应当通过相关信息系统实现信息共享。

第四十一条　生产经营单位应当建立安全风险分级管控制度，按照安全风险分级采取相应的管控措施。

生产经营单位应当建立健全并落实生产安全事故隐患排查治理制度，采取技术、管理措施，及时发现并消除事故隐患。事故隐患排查治理情况应当如实记录，并通过职工大会或者职工代表大会、信息公示栏等方式向从业人员通报。其中，重大事故隐患排查治理情况应当及时向负有安全生产监督管理职责的部门和职工大会或者职工代表大会报告。

县级以上地方各级人民政府负有安全生产监督管理职责的部门应当将重大事故隐患纳入相关信息系统，建立健全重大事故隐患治理督办制度，督促生产经营单位消除重大事故隐患。

第四十二条　生产、经营、储存、使用危险物品的车间、商店、仓库不得与员工宿舍在同一座建筑物内，并应当与员工宿舍保持安全距离。

生产经营场所和员工宿舍应当设有符合紧急疏散要求、标志明显、保持畅通的出口、疏散通道。禁止占用、锁闭、封堵生产经营场所或者员工宿舍的出口、疏散通道。

第四十三条　生产经营单位进行爆破、吊装、动火、临时用电以及国务院应急管理部门会同国务院有关部门规定的其他危险作业，应当安排专门人员进行现场安全管理，确保操作规程的遵守和安全措施的落实。

第四十四条　生产经营单位应当教育和督促从业人员严格执行本单位的安全生产规章制度和安全操作规程；并向从业人员如实告知作业场所和工作岗位存在的危险因素、防范措施以及事故应急措施。

生产经营单位应当关注从业人员的身体、心理状况和行为习惯，加强对从业人员的心理疏导、精神慰藉，严格落实岗位安全生产责任，防范从业人员行为异常导致事故发生。

第四十五条　生产经营单位必须为从业人员提供符合国家标准或者行业标准的劳动防护用品，并监督、教育从业人员按照使用规则佩戴、使用。

第四十六条　生产经营单位的安全生产管理人员应当根据本单位的生产经营特点，对安全生产状况进行经常性检查；对检查中发现的安全问题，应当立即处理；不能处理的，应当及时报告本单位有关负责人，有关负责人应当及时处理。检查及处理情况应当如实记录在案。

生产经营单位的安全生产管理人员在检查中发现重大事故隐患，依照前款规定向本单位有关负责人报告，有关负责人不及时处理的，安全生产管理人员可以向主管的负有安全生产监督管理职责的部门报告，接到报告的部门应当依法及时处理。

第四十七条　生产经营单位应当安排用于配备劳动防护用品、进行安全生产培训的经费。

第四十八条　两个以上生产经营单位在同一作业区域内进行生产经营活动，可能危及对方生产安全的，应当签订安全生产管理协议，明确各自的安全生产管理职责和应当采取的安全措施，并指定专职安全生产管理人员进行安全检查与协调。

第四十九条　生产经营单位不得将生产经营项目、场所、设备发包或者出租给不具备安全生产条件或者相应资质的单位或者个人。

生产经营项目、场所发包或者出租给其他单位的，生产经营单位应当与承包单位、承租单位签订专门的安全生产管理协议，或者在承包合同、租赁合同中约定各自的安全生产管理职责；生产经营单位对承包单位、承租单位的安全生产工作统一协调、管理，定期进行安全检查，发现安全问题的，应当及时督促整改。

矿山、金属冶炼建设项目和用于生产、储存、装卸危险物品的建设项目的施工单位应当加强对施工项目的安全管理，不得倒卖、出租、出借、挂靠或者以其他形式非法转让施工资质，不得将其承包的全部建设工程转包给第三人或者将其承包的全部建设工程支解以后以分包的名义分别转包给第三人，不得将工程分包给不具备相应资质条件的单位。

第五十条　生产经营单位发生生产安全事故时，单位的主要负责人应当立即组织抢救，并不得在事故调查处理期间擅离职守。

第五十一条　生产经营单位必须依法参加工伤保险，为从业人员缴纳保险费。

国家鼓励生产经营单位投保安全生产责任保险；属于国家规定的高危行业、领域的生产经营单位，应当投保安全生产责任保险。具体范围和实施办法由国务院应急管理部门会同国务院财政部门、国务院保险监督管理机构和相关行业主管部门制定。

第九十二条　承担安全评价、认证、检测、检验职责的机构出具失实报告的，责令停业整顿，并处三万元以上十万元以下的罚款；给他人造成损害的，依法承担赔偿责任。

承担安全评价、认证、检测、检验职责的机构租借资质、挂靠、出具虚假报告的，没收违法所得；违法所得在十万元以上的，并处违法所得二倍以上五倍以下的罚款，没有违法所得或者违法所得不足十万元的，单处或者并处十万元以上二十万元以下的罚款；对其直接负责的主管人员和其他直接责任人员处五万元以上十万元以下的罚款；给他人造成损害的，与生产经营单位承担连带赔偿责任；

构成犯罪的，依照刑法有关规定追究刑事责任。

对有前款违法行为的机构及其直接责任人员，吊销其相应资质和资格，五年内不得从事安全评价、认证、检测、检验等工作；情节严重的，实行终身行业和职业禁入。

第九十三条　生产经营单位的决策机构、主要负责人或者个人经营的投资人不依照本法规定保证安全生产所必需的资金投入，致使生产经营单位不具备安全生产条件的，责令限期改正，提供必需的资金；逾期未改正的，责令生产经营单位停产停业整顿。

有前款违法行为，导致发生生产安全事故的，对生产经营单位的主要负责人给予撤职处分，对个人经营的投资人处二万元以上二十万元以下的罚款；构成犯罪的，依照刑法有关规定追究刑事责任。

第九十四条　生产经营单位的主要负责人未履行本法规定的安全生产管理职责的，责令限期改正，处二万元以上五万元以下的罚款；逾期未改正的，处五万元以上十万元以下的罚款，责令生产经营单位停产停业整顿。

生产经营单位的主要负责人有前款违法行为，导致发生生产安全事故的，给予撤职处分；构成犯罪的，依照刑法有关规定追究刑事责任。

生产经营单位的主要负责人依照前款规定受刑事处罚或者撤职处分的，自刑罚执行完毕或者受处分之日起，五年内不得担任任何生产经营单位的主要负责人；对重大、特别重大生产安全事故负有责任的，终身不得担任本行业生产经营单位的主要负责人。

第九十五条　生产经营单位的主要负责人未履行本法规定的安全生产管理职责，导致发生生产安全事故的，由应急管理部门依照下列规定处以罚款：

① 发生一般事故的，处上一年年收入百分之四十的罚款；

② 发生较大事故的，处上一年年收入百分之六十的罚款；

③ 发生重大事故的，处上一年年收入百分之八十的罚款；

④ 发生特别重大事故的，处上一年年收入百分之一百的罚款。

第九十六条　生产经营单位的其他负责人和安全生产管理人员未履行本法规定的安全生产管理职责的，责令限期改正，处一万元以上三万元以下的罚款；导致发生生产安全事故的，暂停或者吊销其与安全生产有关的资格，并处上一年年收入百分之二十以上百分之五十以下的罚款；构成犯罪的，依照刑法有关规定追究刑事责任。

第九十七条　生产经营单位有下列行为之一的，责令限期改正，处十万元以下的罚款；逾期未改正的，责令停产停业整顿，并处十万元以上二十万元以下的罚款，对其直接负责的主管人员和其他直接责任人员处二万元以上五万元以下的罚款：

① 未按照规定设置安全生产管理机构或者配备安全生产管理人员、注册安全工程师的；

② 危险物品的生产、经营、储存、装卸单位以及矿山、金属冶炼、建筑施工、运输单位的主要负责人和安全生产管理人员未按照规定经考核合格的；

③ 未按照规定对从业人员、被派遣劳动者、实习学生进行安全生产教育和培训，或者未按照规定如实告知有关的安全生产事项的；

④ 未如实记录安全生产教育和培训情况的；

⑤ 未将事故隐患排查治理情况如实记录或者未向从业人员通报的；

⑥ 未按照规定制定生产安全事故应急救援预案或者未定期组织演练的；

⑦ 特种作业人员未按照规定经专门的安全作业培训并取得相应资格，上岗作业的。

2. 《中华人民共和国刑法》对违章肇事者的惩处规定中与安全生产相关的条款

第一百三十四条【重大责任事故罪；强令、组织他人违章冒险作业罪】在生产、作业中违反有关安全管理的规定，因而发生重大伤亡事故或者造成其他严重后果的，处三年以下有期徒刑或者拘役；情节特别恶劣的，处三年以上七年以下有期徒刑。

强令他人违章冒险作业，或者明知存在重大事故隐患而不排除，仍冒险组织作业，因而发生重大伤亡事故或者造成其他严重后果的，处五年以下有期徒刑或者拘役；情节特别恶劣的，处五年以上有期徒刑。

第一百三十四条之一 【危险作业罪】在生产、作业中违反有关安全管理的规定，有下列情形之一，具有发生重大伤亡事故或者其他严重后果的现实危险的，处一年以下有期徒刑、拘役或者管制：

① 关闭、破坏直接关系生产安全的监控、报警、防护、救生设备、设施，或者篡改、隐瞒、销毁其相关数据、信息的；

② 因存在重大事故隐患被依法责令停产停业、停止施工、停止使用有关设备、设施、场所或者立即采取排除危险的整改措施，而拒不执行的；

③涉及安全生产的事项未经依法批准或者许可，擅自从事矿山开采、金属冶炼、建筑施工，以及危险物品生产、经营、储存等高度危险的生产作业活动的。

第一百三十五条【重大劳动安全事故罪；大型群众性活动重大安全事故罪】安全生产设施或者安全生产条件不符合国家规定，因而发生重大伤亡事故或者造成其他严重后果的，对直接负责的主管人员和其他直接责任人员，处三年以下有期徒刑或者拘役；情节特别恶劣的，处三年以上七年以下有期徒刑。

第一百三十五条之一　举办大型群众性活动违反安全管理规定，因而发生重大伤亡事故或者造成其他严重后果的，对直接负责的主管人员和其他直接责任人员，处三年以下有期徒刑或者拘役；情节特别恶劣的，处三年以上七年以下有期徒刑。

第一百三十六条　【危险物品肇事罪】违反爆炸性、易燃性、放射性、毒害性、腐蚀性物品的管理规定，在生产、储存、运输、使用中发生重大事故，造成严重后果的，处三年以下有期徒刑或者拘役；后果特别严重的，处三年以上七年以下有期徒刑。

第一百三十七条　【工程重大安全事故罪】建设单位、设计单位、施工单位、工程监理单位违反国家规定，降低工程质量标准，造成重大安全事故的，对直接责任人员，处五年以下有期徒刑或者拘役，并处罚金；后果特别严重的，处五年以上十年以下有期徒刑，并处罚金。

第一百三十八条　【教育设施重大安全事故罪】明知校舍或者教育教学设施有危险，而不采取措施或者不及时报告，致使发生重大伤亡事故的，对直接责任人员，处三年以下有期徒刑或者拘役；后果特别严重的，处三年以上七年以下有期徒刑。

第一百三十九条　【消防责任事故罪；不报、谎报安全事故罪】违反消防管理法规，经消防监督机构通知采取改正措施而拒绝执行，造成严重后果的，对直接责任人员，处三年以下有期徒刑或者拘役；后果特别严重的，处三年以上七年以下有期徒刑。

第一百三十九条之一　在安全事故发生后，负有报告职责的人员不报或者谎报事故情况，贻误事故抢救，情节严重的，处三年以下有期徒刑或者拘役；情节特别严重的，处三年以上七年以下有期徒刑。

3. 《中华人民共和国劳动法》中对安全责任的规定

第五十二条　用人单位必须建立、健全劳动卫生制度，严格执行国家劳动安全卫生规程和标准，对劳动者进行劳动安全卫生教育，防止劳动过程中的事故，减少职业危害。

第五十三条　劳动安全卫生设施必须符合国家规定的标准。新建、改建、扩建工程的劳动安全卫生设施必须与主体同时设计、同时施工、同时投入生产和使用。

第五十四条　用人单位必须为劳动者提供符合国家规定的劳动安全卫生条件和必要的劳动防护用品，对从事有职业危害作业的劳动者应当定期进行健康检查。

第五十五条　从事特种作业的劳动者必须经过专门培训并取得特种作业资格。

第五十六条　劳动者在劳动过程中必须严格遵守安全操作规程。劳动者对用人单位管理人员违章指挥、强令冒险作业，有权拒绝执行；对危害生命安全和身体健康的行为，有权提出批评、检举和控告。

第五十七条　国家建立伤亡和职业病统计报告和处理制度。县级以上各级人民政府劳动行政部门、有关部门和用人单位应当依法对劳动者在劳动过程中发生的伤亡事故和劳动者的职业病状况，进行统计、报告和处理。

三、安全生产的基本要求

（1）董事长、厂长（经理）、总工程师等企业的各级管理人员，必须熟悉国家颁发的劳动保护、环境保护法律、法规，并认真贯彻执行，坚持"安全第一，预防为主，综合治理"的方针，以主要负责人为安全第一责任人。把安全工作作为本职工作中的重要内容来抓，绝不允许管理人员以企业效益为由，单纯考虑产量而忽视安全管理工作。

（2）必须认真搞好职工的技术训练和安全技术教育，做到"四懂""三会"和"四个过得硬"。"四懂"即懂性能、懂原理、懂构造、懂工艺流程；"三会"即会操作、会维护保养、会排除故障；"四个过得硬"即设备过得硬、操作过得硬、质量过得硬、在复杂情况下过得硬。上岗人员必须经过三级安全教育和专业培训，考试合格后，凭安全作业证独立上岗操作。

（3）安全技术人员应按国家规定配备，保持相对稳定。

（4）每个企业的生产指挥系统必须健全。各级生产人员在工作期间，要严格遵守各项规章制度和劳动纪律，指挥人员职责明确，做到指挥畅通、正确有效，杜绝违章指挥和盲目指挥；生产工人要坚守岗位，不串岗、不脱岗和不做与岗位操作无关的事。

（5）企业出现事故，要追究有关部门各级管理人员的行政责任、领导责任直至刑事责任。特别要对违章指挥、违章作业造成事故的责任人加重处罚。生产中必须严格执行岗位责任制、巡回检查制、交接班制等。

（6）必须严格执行严禁吸烟的规定，进入厂门，交出烟火。

（7）严格执行工艺指标，禁止设备超温、超压、超负荷运行；工艺指标不得擅自更改，更不能在系统上进行试验操作。

（8）生产中凡遇到危及人身、设备安全，或可能发生火灾、爆炸事故等紧急情况，操作人员有权先停车后报告。

（9）工人有权拒绝违章指挥。

（10）必须定期对生产设备、管道、建（构）筑物及一切生产设施进行维修，保证其可靠性、坚固性，不准带病运行。压力容器的维修、检验等应根据压力容器安全管理制度进行。

（11）在厂区内行走时，要注意防止运转设备尖锐物、地沟和窨井伤人。禁止在下列场所逗留：①运转中的起重设备下面；②有毒气体、酸类的管道、容器下面；③易产生碎片和粉尘的工作场所；④正在进行电气焊接的工作场所；⑤正在进行金属物件探伤的场所附近。

（12）厂区内严禁无关人员进入；职工上岗前，必须按规定穿工作服，戴工作帽和使用其他劳动保护用品。

（13）凡存有各种酸、碱等强腐蚀性物料的岗位，应设有事故处理水源和备用药物。

（14）为防止突然停电、停水、停气而造成事故，各岗位应有紧急停车处理的具体措施，并应根据需要设置事故电源。

（15）非自己负责的机械设备和物品，禁止动用。

（16）要熟练掌握预防中毒的措施和事故状态下的急救方法，对防护器材要做到懂性能、会正确使用。

（17）车间禁止堆放油布、破布、废油等易燃物品，现场禁止烘烤衣物和食品。

（18）被易燃液体浸过的工作服，严禁穿到有明火作业的现场。

（19）对规格、性能不明的材料禁止使用，不明重量的物体严禁起吊。

（20）厂区和车间内的各种用水，在未辨明的情况下，禁止饮用或用于洗手。

（21）新企业、新车间投产前，新技术、新工艺使用前，必须制定工艺规程、操作规程、安全技术规程和其他有关的制度。

（22）设备管道的涂色应符合《石油化工设备管道钢结构表面色和标志规定》（SH/T 3043—2014）的规定。

（23）各级生产指挥人员，对安全生产负有不可推卸的责任，到生产现场必须佩戴明显的安全标志；指挥生产的同时，切实关心安全生产情况，特别要及时制止和纠正违章现象。

（24）进入生产现场的外来人员必须戴安全帽，有条件的单位还应提供临时工作服。

四、化工安全生产禁令

1. 生产厂区十四个不准

（1）加强明火管理，厂区内不准吸烟。

（2）生产区内不准未成年人进入。

（3）上班时间不准睡觉、干私活、离岗和干与生产无关的事。

（4）在班前、班上不准喝酒。

（5）不准使用汽油等挥发性强的易燃液体擦洗设备、用具和衣物。

（6）不按规定穿戴劳动保护用品，不准进入生产岗位。

（7）安全装置不齐全的设备不准使用。

（8）不是自己分管的设备、工具不准动用。

（9）检修设备安全措施不落实，不准开始检修。

（10）停机检修后的设备，未经彻底检查，不准启动。

（11）未办高处作业证，不系安全带，脚手架、跳板不牢，不准登高作业。

（12）石棉瓦上未固定好跳板，不准作业。

（13）未安装触电保护器的移动或电动工具，不准使用。

（14）未取得安全作业证的职工，不准独立作业；特殊工种职工，未经取证，不准作业。

2. 进入容器、设备的八个必须

化工生产中的容器、设备主要有塔、罐、釜、箱、槽、柜、池、管及各种机械动力传动、电气设备等，还包括一些附属设施，如窨井、地沟、水池等，由于生产中介质冲刷腐蚀、磨损等原因，需经常进行检查、维修、清扫等工作。进入容器、设备内作业，必须保证安全工作。"进入容器、设备的八个必须"正是针对进入容器、设备内作业的不利因素而制定的。它既是对客观规律的科学总结，也是经过无数事故而获得的血的经验教训，内容概括如下。

（1）必须申请办证并得到批准。往往由于生产情况的变化及本身条件所限，容器、设备内情况十分复杂，检修工若盲目进入，就有可能会发生窒息、中毒、灼伤和容器内着火爆炸事故。为了确保进入容器、设备工作人员的安全，首先必须按规定办理进入容器、设备作业证，并得到批准。

（2）必须进行安全隔绝。安全隔绝主要是将人员要进入的工作场所，与某些可能引发事故的危险因素严格隔绝开来，即阻断容器、设备与物料、介质等的联系，以防止因阀门关闭不严或误操作而使易燃易爆、有毒介质窜入检修设备容器内，以及由于未切断电源而造成人身伤亡事故的发生。

（3）必须切断动力电，并使用安全灯具。

（4）必须进行置换、通风。由于设备容器通常在泄压排放后，内部仍残留部分有毒有害、易燃易爆气体和物料，所以必须先进行置换、通风，取样分析合格后，作业人员才能进入。

（5）必须按时间要求进行安全分析。按时进行安全分析，旨在保证作业者的安全和掌握作业过程中的情况变化。进入塔、罐主要分析氧含量，达到 19%～22%（体积分数）为合格。

（6）必须佩戴规定的防护用具。进入容器、设备内工作的危险性很大，尽管采取了相应的措施予以清除，但有些部位的安全隐患仍无法消除和预见，例如，容器设备底部的沉积物和有毒有害物质因动火高温导致二次挥发等。从这个意义上说，工作人员佩戴规定的防护用具是防止自身免受伤害的最后一道防线，如果不按规定佩戴，就可能发生中毒等伤害。

（7）必须有人在器外监护，并坚守岗位。人进入设备、容器内作业，除存在易中毒、易窒息、易触电等危险性因素外，人员进出困难、联系不便而造成发生事故后不易被发现，会导致事故危险的扩大而造成伤亡事故，这就要求必须有人在器外监护。各类事故的发生往往是在意料不到的情况下发生的，这就要求监护人员坚守岗位，切实履行自己的职责，密切注视被监护人的工作状况，才能有效地防止事故的发生和扩大。

（8）必须有抢救后备措施。由于进入容器、设备内作业可能发生各种意外事故，而备有抢救后备措施正是为了在这种情况下能及时、迅速、正确地对受伤者进行急救和处理，为挽救伤病员的生命、减少事故损失创造良好条件。

3. 动火作业六大禁令

化工企业设备、管道在运行中受到内部介质的压力、温度、化学与电化学腐蚀的作用，以及由于结构、材料的缺陷等可能产生裂缝、穿孔，因此，在生产过程中经常要对存有易燃、易爆介质的设备、管道进行动火作业。由于化工生产的特点，动火作业稍有不慎都能引起火灾、爆炸或中毒事故的发生。动火作业六大禁令如下。

（1）动火证未经批准，禁止动火。动火证是化工企业执行动火管理制度的一种必要形式。办理动火证又是具体落实动火安全措施的过程。批准了的动火证既是具体落实动火的指令，又是动火的原始凭据，在禁火区内持有经过批准的动火证动火，就能有效地防止火灾、爆炸事故的发生。

（2）不与生产系统可靠隔绝，禁止动火。化工生产工艺流程连续性强，设备管道紧密相连，且管道、设备内的介质大都是易燃、易爆、易中毒介质，在这种情况下进行动火作业，就必须与生产系统可靠隔绝。

（3）不清洗、置换不合格，禁止动火。化工生产设备、管道内有易燃、易爆、有毒物质，动火检修前，就必须按要求将设备、管道内的易燃、易爆、有毒物质彻底清洗、置换合格；否则，一旦与空气混合，即可能发生火灾、爆炸事故。

（4）不清除周围易燃物，禁止动火。化工生产具有边生产边检修的特点，虽然对动火检修的设备、管道进行了一系列清洁处理，但这仅仅是动火前应采取的安全措施中的一个方面，还必须检查和清除动火现场及周围的易燃、易爆物质，并采取相应措施。

（5）不按时作动火分析，禁止动火。按时作动火分析是防止火灾、爆炸事故发生的关键措施。对于需要动火检修的设备、管道及动火点周围是否存在可燃物，审批人员必须到现场用相关仪器检测合格，办理动火证后才能进行施工。

（6）没有消防措施，禁止动火。配备足够的消防器材并有专人监护是针对一切动火工作的重要措施。由于动火作业现场环境复杂，当生产不正常或动火条件突然变化时，火灾、爆炸事故随时有可能发生。如果事先准备好消防器材，落实好监护人，一旦发生了动火现场着火或危及安全动火的异常情况时，可立即制止动火，并及时进行扑救，避免事故扩大，以减少损失。

4. 操作工六严格

生产操作是化工生产过程的一个重要组成部分，各种生产指令要通过操作来执行，要求化工系统的全体操作人员都要做到"操作工六严格"。

（1）严格执行交接班制。交接班是操作过程中相互衔接、协调的过程，是保证生产连续正常进行的重要环节。由于化工生产具有高度的连续性，它决定了需要几个班次的工人交替作业，这就要求交班人员必须如实地将本班生产设备运行、存在的问题及消除情况交代给接班人员，接班人员要根据交班人员提供的情况进行检查，才能保证生产、设备的正常运行。

交接班应做到：准时、对口交接、严格认真、谨慎细致、"五交"和"五不交"。

五交：一交本班生产、工艺指标，产品质量和完成任务情况；二交机电设备、仪表运行和使用情况及设备跑、冒、滴、漏情况；三交不安全因素，采取的预防措施；四交岗位区域是否清洁；五交上级指令、要求和注意事项。

五不交：生产不正常、事故隐患未处理、安全措施未落实不交；原始记录不清不交；设备情况不明不交；安全用品、工具不完好不交；岗位卫生不清洁不交。

（2）严格进行巡回检查。化工生产比较复杂，主辅机设备繁多，温度、压力指标要求严格，操作中心必须严格控制各种工艺指标。了解主辅机设备运行情况和可能发生的意外情况，必须通过巡回检查来实现。巡回检查的内容有：查工艺指标、查设备、查安全附件；查跑、冒、滴、漏及物料外泄等。

（3）严格控制工艺指标。工艺指标不仅关系到生产能否顺利进行，更重要的是影响生产过程的安全和产品质量，这就要求操作人员严格控制工艺指标，确保生产过程中的安全和产品质量。

（4）严格执行操作票。在化工生产过程中，为协调各部门的关系，完成某项任务而下达各项指令，传递各种信息，就要求严格执行操作票。严格实行操作票制度是克服化工企业管理不善、生产指挥系统混乱，提高安全管理水平的重要措施。

（5）严格遵守劳动纪律。现代化工生产是靠劳动纪律来保证的，严密的劳动组织也是靠劳动纪律来维持的。这就要求操作人员时刻注意和掌握生产变化情况，否则稍不留心，就有酿成厂毁人亡的灾害危险。

（6）严格执行安全规程。安全规程（规定）是从血的教训中不断总结出来的，反映了工业生产的客观规律，是搞好安全生产的重要保证。

五、安全生产责任制

安全生产责任制是企业的一项基本制度，是安全生产及劳动保护制度的核心。

1. 基本原则

本着"安全生产，人人有责"的精神，企业各级领导、职能部门人员、工程技术人员、管理人员及全体职工，应对各自岗位上的实际安全生产责任明确并加以规定，把管生产必须管安全从制度上固定下来。其基本原则如下：

（1）企业安全工作实行各级领导负责制，企业的主要负责人为"第一责任人"。

（2）企业的各级领导人员和职能部门应在各自的工作范围内，对实现安全生产和文明生产负责，同时向各自的领导负责。

（3）安全生产，人人有责，每个职工必须认真履行各自的安全职责，做到各有其责，各负其责。

2. 工人的安全职责

（1）参加安全知识学习，严格遵守各项安全规章制度。

（2）认真执行交接班制度，接班前必须认真检查本岗位的设备和安全设施是否齐全完好。

（3）精心操作，严格执行工艺规程，遵章守纪，记录清晰、真实、整洁。

（4）按时巡回检查，准确分析、判断和处理生产过程中的异常情况。

（5）认真维护保养设备，发现缺陷及时消除并做好记录，保持作业场所清洁。

（6）正确使用、妥善保管各种劳动安全防护用品、器具和防护器材。

（7）不违章作业，并劝阻或制止他人违章作业，对违章指挥有权拒绝执行，同时及时向领导报告。

第四节　化工安全设计及规范

一、安全设计综述

1. 安全设计的概念

（1）传统的安全设计　传统的安全设计是指化工装置的安全设计，以系统科学的分析为基础，定性、定量地考虑装置的危险性，同时以过去的事故等所提供的教训和资料来考虑安全措施，以防再次发生类似的事故。以法令规则为第一阶段，以有关标准或规范为第二阶段，再以总结或企业经验的标准为第三阶段来制订安全措施，这种方法称为"事故的后补式"。

（2）本质安全设计　20世纪70年代，提出了本质安全的概念，化工领域开始重视本质安全设计。本质安全设计不同于传统的安全设计，前者是消除或减少设备装置中的危险源，旨在降低事故发生的可能性；后者是采用外加的保护系统对设备装置中存在的危险源进行控制，着重降低事故的严重性及减轻导致的后果。

2. 安全设计的背景

在最近几十年，我国的一些化工企业特别是中小型化工企业早期建设的化工装置，由于未经过设计或者未经具备相应资质的设计单位进行设计，导致工艺设备存在着许多缺陷或安全隐患，生产事故频发。而事故发生的原因主要是生产工艺流程不能满足安全生产的要求，主要设备、管道、管件选型（材）不符合相关标准要求，装置布局不合理等。

以科学发展观为指导，大力实施安全发展战略，坚持"安全第一，预防为主，综合治理"的方针，深入贯彻《国务院关于坚持科学发展安全发展促进安全生产形势持续稳定好转的意见》等文件要求，通过开展安全设计诊断，提出《化工企业安全设计诊断报告》，为被诊断企业开展工艺技术及流程、主要设备和管道、自动控制系统、主要设备设施布置等方面的改造升级提供设计依据，使企业通过改造后达到减少各类安全隐患，提高企业本质安全水平的目的。

为了让用户满意，获得进一步合作的机会，一些化工设计单位一味迁就用户，对原本经过长期检验的科学合理的设计模式随意改动，这种无原则的让步，不仅为今后工程项目运行埋下安全隐患，而且对化工行业的健康发展也是百害而无一利。设计是化工生产的第一道工序和源头，在化工安全生产中占有十分重要的地位。设计单位的不作为，不重视用户对工程的设计意见，或对用户过分迁就，已经对化工行业健康发展构成了危害。专家们指出，实现化工安全生产不仅要靠管理，更重要的是在装置建设时就应采用先进的安全技术，选择安全的生产装置和设备，为长、稳、安、满、优的运行打下坚实的基础。

二、厂址选择与总平面布置

化工安全设计是化工设计的一个重要组成部分，它包括企业厂址选择与总平面布局、化工过程安全设计、安全装置及控制系统安全设计、化工公用工程安全设计等方面的内容。

安全设计应事前充分审查与各个化工设计阶段相关的安全性，制订必要的安全措施。另外，通常在设计阶段，各技术专业也要同时进行研究，对安全设计一定要进行特别慎重的审查，完全消除存在缺陷和考虑不周的情况，例如，对于设备，在进入制造阶段以后就难以发现问题，即使发现问题，也很难采取完备的改善措施。在安全设计方面一般要求附加下列内容：

（1）各技术专业都要进行安全审查，制订检查表就是其方法之一。

（2）审查部门或设计部门在设计结束阶段进行综合审查，在综合审查中要征求技术管理、安全、运转、设备、电控、保全等专业人员的意见，提高安全性、可靠性。

1. 厂址的安全选择

工厂的地理位置对于企业的发展有很大的影响。厂址选择是否合适与工厂的建设进度、投资数量、经济效益以及环境保护等方面关系密切，所以它是工厂建设的一个重要环节。化工厂的大多数化学物质具有易燃、易爆、有毒及腐蚀等特性，对环境和广大人民的生命财产安全有很大的威胁，因此要进行化工厂的选址安全设计，以求在源头上降低对人们的威胁，同时也让企业能更稳定地发展。化工厂厂址的选择是一个复杂的问题，它涉及原料、水源、能源、土地供应、市场需求、交通运输和环境保护等诸多因素，应对这些因素全面综合地考虑，权衡利弊，才能做出正确的选择。

2. 总平面布置

工厂的总平面布置要满足生产和使用要求。根据生产工艺流程，联系密切或生产性质类似的车间，要靠近或集中布置，使流程通畅；一般在厂区中心布置主要生产区，将辅助车间布置在其附近；精密加工车间，应布置在上风向；运输车间应靠近主干道和货运出口；尽量避免人流、货流交叉；有噪声发出的车间，应远离厂前区和生活区；动力设施布置应接近负荷量大的车间。具体要求如下：

（1）总体布置紧凑合理，节约建设用地。

（2）合理缩小建筑物、构筑物间距；厂房集中布置或加以合并；充分利用废弃场地；扩大厂间协作，节约建设用地。

（3）合理划分厂区，满足使用要求，留有发展余地。

（4）确保安全、卫生，注意主导风向，有利环境保护。

（5）结合地形地质，因地制宜，节约建设投资。

（6）妥善布置行政生活设施，方便生活、管理。

（7）建筑群体组合，注意厂房特点，布置整齐统一。

（8）注意人流、货流和运输方式的安排。正确选择厂内运输方式，布置运输线路，尽量做到便捷、合理、无交叉，防止人货混流、人车混流。

（9）考虑形体组合，注意工厂美化绿化。车间外形各不相同，尽量组合完美。工厂道路、沟渠、管线安排尽量外形美化，车间道路和场地应有绿化地带。

三、功能分区布置

1. 厂区布置

（1）厂区布置的设计思路

① 根据企业生产特性、工艺要求、运输及安全卫生要求，结合自然条件和当地交通布置厂建筑物、构筑物、各种设施、交运路线，确定它们之间的相对位置及具体地点。

② 合理综合布置厂内、室内、地上、地下各种工程管线，使它们不能相互抵触和冲突，使各种管网的线路径直简捷，与总平面及竖向布置相协调。

③ 厂区的美化绿化设计。

（2）厂区布置的原则与要求

① 符合生产工艺流程的合理要求。保证各生产环节径直和短捷的生产作业线，避免生产流程的交叉和迂回往复，使各物料的输送距离最短。

② 公用设施应力求靠近负荷中心，以使输送距离最短。

③ 厂区铁路、道路要径直简捷。车辆往返频繁的设施（仓库、堆场、车库、运输站等）宜靠近厂区边缘布置。

④ 地势较平坦时，采用矩形街区布置方式，以使布置紧凑，用地节约。

⑤ 预留发展用地，至少应有一个方向可供发展。

⑥ 重视风向和风向频率对总平面布置的影响，布置建筑物、构筑物位置时要考虑它们与主导风向的关系，应避免将厂房建在窝风地段。依据当地主导风向，把清洁的建筑物布置在主导风向的上风向；把存在污染的建筑布置在主导风向的下风向。冬夏季风方向不同就建在与季风方向垂直处。

2. 管道布置

（1）管道布置的设计思路

① 确定各类管网的敷设方式。除按规定必须埋设地下管道外，厂区管道应尽量布置在地上，并采用集中管架和管墩敷设，以节约投资，便于维修和施工。

② 确定管道走向、具体位置、坐标及相对尺寸。

③ 协调各专业管网，避免拥挤和冲突。

（2）管道布置的原则与要求

① 管道一般平直敷设，与道路、建筑、管线之间互相平行或呈直角交叉。

② 应满足管道最短的要求，直线敷设，减少弯转，减少与道路、铁路、管线之间的交叉。

③ 管道不允许布置在铁路线下面，应尽可能布置在道路外面，可将检修次数较少的雨水管及污水管埋设在道路下面。

④ 管道不应重复布置。

⑤ 干管应靠近主要使用单位，尽量布置在连接支管最多的一边。

⑥ 考虑企业的发展，预留必要的管线位置。

⑦ 管道交叉避让原则：小管让大管；易弯曲的让难弯曲的；压力管让重力管；软管让硬管；临时管让永久管。

管架与建筑物、构筑物的最小水平距离见表 1-2。

表 1-2 管架与建筑物、构筑物的最小水平距离

建筑物、构筑物名称	最小水平距离/m
建筑物有门窗的墙壁外缘或突出部分外缘	3.0
建筑物无门窗的墙壁外缘或突出部分外缘	1.5
铁路(中心线)	3.75
道路	1.0
人行道外缘	0.5
厂区围墙(中心线)	1.0
照明及通信杆柱(中心)	1.0

3. 车间布置

(1) 车间布置的设计思路

① 熟悉厂区总平面布置图。

② 了解本车间与其他各生产车间、辅助生产车间、生活设施以及本车间与车间内外的道路、铁路、码头、输电、消防等的关系；了解有关防火、防雷、防爆、防毒和卫生等国家标准与设计规范。

③ 熟悉本车间的生产工艺并绘出管道及仪表流程图；熟悉有关物性数据、原材料和主副产品的储存、运输方式和特殊要求。

④ 熟悉本车间各种设备，设备的特点、要求及日后的安装、检修、操作所需空间、位置。如根据设备的操作情况和工艺要求，决定设备装置是否露天布置，是否需要检修场地，是否经常更换等。

⑤ 了解与本车间工艺有关的配电、控制仪表等和办公、生活设施方面的要求。

⑥ 具有车间设备一览表和车间定员表。

（2）车间布置的设计原则与要求

① 车间布置设计要适应总图布置要求，与其他车间、公用系统、运输系统组成有机体。

② 最大限度地满足工艺生产要求，包括设备维修要求。

③ 经济效果要好。有效地利用车间建筑面积和土地；要为车间技术经济先进指标创造条件。

④ 便于生产管理，安装、操作、检修方便。

⑤ 要符合有关的布置规范和国家有关的法规要求，妥善处理防火、防爆、防毒、防腐等问题，保证生产安全，还要符合建筑规范和要求。人流、货流尽量不要交错。

⑥ 要考虑车间的发展和厂房的扩建。

⑦ 考虑地区的气象、地质、水文等条件。

4. 设备布置

（1）设备布置的设计思路　设备布置根据生产规模、设备特点、工艺操作要求等不同分为室内布置、室内和露天联合布置、露天化布置。室外设备包括不经常操作或可用自动化仪表控制的设备，以及由大气调节温度的设备。室内设备包括不允许有显著温度变化，不能受大气影响的一些设备，以及装有精度很高仪表的设备等。

设备布置设计的要求主要包括：主导风向对设备布置的要求；生产工艺对设备布置的要求（流程通畅，生产连续正常）；安全、卫生和防腐对设备布置的要求；操作条件对设备布置的要求；设备安装、检修对设备布置的要求；厂房建筑对设备布置的要求；车间辅助室及生活室的布置符合建筑要求。

（2）生产工艺对设备布置的要求

① 在布置设备时一定要满足工艺流程顺序，要保证水平方向和垂直方向的连续性。

② 凡属相同的几套设备或同类型的设备或操作性质相似的有关设备，应尽可能布置在一起。

③ 设备布置时除了要考虑设备本身所占的面积外，还必须有足够的操作、通行及检修需要的位置。

④ 要考虑相同设备或相似设备互换使用的可能性。

⑤ 要尽可能地缩短设备间管线。

⑥ 车间内要留有堆放原料、成品和包装材料的空地。

⑦ 传动设备要有安装安全防护装置的位置。

⑧ 要考虑物料特性对防火、防爆、防毒及控制噪声的要求。

⑨ 根据生产发展的需要与可能，适当预留扩建余地。

⑩ 注意设备间距。车间设备布置间距见表1-3。

表 1-3 车间设备布置间距

序号	项目	尺寸
1	泵与泵间的距离	不小于 0.7m
2	泵列与泵列间的距离	不小于 2.0m
3	泵与墙之间的净距	不小于 1.2m
4	回转机械离墙的距离	不小于 0.8m
5	回转机械彼此间的距离	不小于 0.8m
6	往复运动机械的运动部分与墙面的距离	不小于 1.5m
7	被吊车吊动的物件与设备最高点的距离	不小于 0.4m
8	贮槽与贮槽间的距离	不小于 0.4m
9	计量槽与计量槽间的距离	不小于 0.4m
10	换热器与换热器间的距离	不小于 1.0m
11	塔与塔间的距离	1.0～2.0m
12	反应罐盖上传动装置离天花板的距离	不小于 0.8m
13	通道、操作台通行部分的最小净空	不小于 2.0m
14	操作台梯子的坡度	一般不超过 45°
15	一人操作时设备与墙面的距离	不小于 1.0m
16	一人操作并有人通过时两设备间的净距	不小于 1.2m
17	一人操作并有小车通过时两设备间的净距	不小于 1.9m
18	工艺设备与道路间的距离	不小于 1.0m
19	平台到水平人孔的高度	0.6～1.5m
20	人行道、狭通道、楼梯、人孔周围的操作台宽	0.75m
21	换热管箱与封盖端间的距离(室内/室外)	1.2m/0.6m
22	管束抽出的最小距离(室外)	管束长＋0.6m
23	离心机周围通道	不小于 1.5m
24	过滤机周围通道	1.0～1.8m
25	反应罐底部与人行通道的距离	不小于 1.8m
26	反应罐卸料口至离心机的距离	不小于 1.0m

序号	项目	尺寸
27	控制室、开关室与炉子之间的距离	15m
28	产生可燃性气体的设备与炉子之间的距离	不小于8.0m
29	工艺设备与道路间的距离	不小于1.0m
30	不常通行地方的净高	不小于1.9m

（3）安全、卫生和防腐对设备布置的要求

① 车间内建筑物、构筑物、设备的防火间距一定要达到工厂防火规定的要求。

② 有爆炸危险的设备最好露天布置，室内布置要加强通风，防止易燃易爆物质聚集，将有爆炸危险的设备与其他设备分开布置，布置在单层厂房及厂房或场地的外围，有利于防爆泄压和消防，并有防爆设施，如防爆墙等。

③ 处理酸、碱等腐蚀性介质的设备应尽量集中布置在建筑物的底层，不宜布置在楼上和地下室，而且设备周围要设有防腐围堤。

④ 有毒、有粉尘和有气体腐蚀的设备，应各自相对集中布置并加强通风，采取防腐、防毒措施。

⑤ 设备布置尽量采用露天布置或半露天框架式布置形式，以减少占地面积和建筑投资。比较安全而又间歇操作和操作频繁的设备一般可以布置在室内。

⑥ 要为工人操作创造良好的采光条件，布置设备时尽可能做到工人背光操作，高大设备避免靠窗布置，以免影响采光。

⑦ 要最有效地利用自然对流通风，车间南北向不宜隔断。放热量大，有毒害性气体或粉尘的工段，如不能露天布置时需要有机械送排风装置或采取其他措施，以满足卫生标准的要求。

⑧ 装置内应有安全通道、消防车通道、安全直梯等。

（4）操作条件对设备布置的要求

① 应布置操作和检修通道。

② 设备间距和净空高度应合理。

③ 应布置必要的平台、楼梯和安全出入通道。

④ 尽可能地减少对操作人员的污染和噪声影响。

⑤ 控制室应位于主要操作区附近。

四、建筑物的安全设计

建筑物的安全设计首先要熟悉化工生产的原材料和产品性质，根据确定的生产危险等级，考虑厂房建筑结构形式、相应的耐火等级、合理的防火分隔设计和完善的安全疏散设计等内容。

1. 生产及储存的火灾危险性分类

为了确定生产的火灾危险性类别，以便采取相应的防火、防爆措施，必须对生产过程的火灾危险性加以分析，主要是了解生产中的原料、中间体和成品的物理、化学性质及其火灾、爆炸的危险程度，反应所用物质的数量，采取的反应温度、压力以及使用密封的还是敞开的设备等条件，综合全面情况来确定生产及储存的火灾危险性类别。生产的火灾危险性应根据生产中使用或产生的物质性质及其数量等因素划分，可分为甲、乙、丙、丁、戊五类。

2. 建筑物的耐火等级

建筑物的耐火等级与预防火灾发生、限制火灾蔓延扩大和及时扑救有密切关系。属于甲类危险物的生产设备在易燃的建筑物内一旦发生火灾，很快就会被全部烧毁。如果设在耐火等级合适的建筑物内，就可以限制灾情的扩展，避免造成更大的损失。

建筑物的构件根据其材料的燃烧性能可分为以下两类。

（1）非燃烧体。用非燃烧材料做成的构件。非燃烧材料是指在空气中受到火烧或高温作用时不起火、不微燃、不炭化的材料，如建筑物中采用的金属材料、天然无机矿物材料等。

（2）难燃烧体。用难燃烧材料做成的构件，或用燃烧材料做成而用非燃烧材料作保护层的构件。难燃烧材料是指在空气中受到火烧或高温作用时难起火、难微燃、难碳化，当火源移走后燃烧或微燃立即停止的材料，如沥青混凝土、经过防火处理的木材等。

厂房和仓库的耐火等级根据其建筑构件的燃烧性能和耐火极限可分为一级、二级、三级、四级。

3. 建筑物的防火结构

（1）防火门　防火门是装在建筑物的外墙、防火墙或者防火壁的出入口，用来防止火灾蔓延的门。防火门具有耐火性能，当它与防火墙形成一个整体后，就可以达到阻断火源、防止火灾蔓延的目的。防火门的结构多种多样，常用的结构有卷帘式铁门、单面包铁皮防火门等。

（2）防火墙　防火墙是专门防止火灾蔓延而建造的墙体。其结构有钢筋混凝土墙、砖墙、石棉板墙和钢板墙。为了防止火灾在一幢建筑物内蔓延，通常采用耐火墙将建筑物分割成若干小区。但是，由于建筑物内增设防火墙，会使其成为复杂结构的建筑物，如果防火墙的位置设置不当，就不能发挥防火的效果。例如，在一般的L、T、E或H形的建筑物内，要尽可能避免将防火墙设在结构复杂的拐角处。

（3）防火壁　防火壁的作用也是防止火灾蔓延。防火墙是建在建筑物内，而防火壁是建在两座建筑物之间，或者建在有可燃物存在的场所，像屏风一样。其主要目的是防止火焰直接接触其他建筑物，同时还能够隔阻燃烧的辐射热。防火壁不承重，所以不必具有防火墙那样的强度，只要具有适当的耐火性能即可。

4. 安全疏散设计的基本原则

安全疏散设计是建筑防火设计中的一项重要内容。在设计时，应根据建筑物的规模、使用性质、重要性、耐火等级、生产和储存物品的火灾危险性、容纳人数以及发生火灾时人们的心理状态等情况，合理设置安全疏散设施，为人员安全疏散提供有利条件。具体的安全疏散设计的基本原则有以下5条：

（1）在建筑物内的任意一个部位，宜同时有两个或两个以上的疏散方向可供疏散。

（2）疏散路线应力求短捷通畅，安全可靠，避免出现各种人流、物流相互交叉的现象，杜绝出现逆流。

（3）建筑物的屋顶及外墙需设置可供人员临时避难使用的屋顶平台、室外疏散楼梯和阳台灯，因为这些部位与大气相通，燃烧产生的高温烟气不会在这里停留，基本可以保证人员的人身安全。

（4）疏散通道上的防火门，在发生火灾时必须保持自动关闭的状态，防止高温烟气通过敞开的防火门向相邻防火分区蔓延，影响人员的安全疏散。

（5）在进行安全疏散设计时，应充分考虑人员在火灾条件下的心理状态及行为特点，并在此基础上采取相应的设计方案。

五、化工过程安全设计

化工过程生产安全是化工安全生产的重要部分，加强化工过程中每个环节的安全设计是化工过程生产安全的关键。化工过程安全设计的主要内容有工艺过程安全设计、工艺流程安全设计、工艺装置安全设计、过程物料安全分析以及工艺设计安全校核等。

1. 工艺过程安全设计

工艺过程的安全设计，应该考虑过程本身是否具有潜在危险，以及为了特定目的把物料加入过程是否会增加危险。

（1）有潜在危险的主要过程　有一些化学过程具有潜在的危险，这些过程一旦失去控制就有可能造成灾难性的后果，如发生火灾、爆炸等。有潜在危险的过程主要有以下 8 个：

① 爆炸、爆燃或强放热过程。

② 在物料的爆炸范围附近操作的过程。

③ 涉及易燃物料的过程。

④ 涉及不稳定化合物的过程。

⑤ 在高温、高压或冷冻条件下操作的过程。

⑥ 有粉尘或烟雾生成的过程。

⑦ 涉及高毒性物料的过程。

⑧ 有大量储存压力负荷能的过程。

（2）工艺过程安全设计要点

① 工艺过程中使用和产生易燃易爆介质时，必须考虑防火、防爆等安全措施，在工艺设计时加以实施。

② 工艺过程中有危险的反应过程，应考虑设置必要的报警、自动控制及自动联锁停车的控制设施。

③ 工艺设计要确定工艺过程泄压措施及泄放量，明确排放系统的设计原则。

④ 工艺过程设计应提出保证供电、供水、供风及供气系统可靠性的措施。

⑤ 生产装置出现紧急状况或发生火灾爆炸事故需要紧急停车时，应考虑设置必要的自动紧急停车设施。

⑥ 进行新工艺、新技术工艺过程设计时，必须审查其防火、防爆设计技术文件资料，核实其技术在安全防火、防爆方面的可靠性，确定所需的防火、防爆设施。

2. 工艺流程安全设计

工艺流程安全设计的要点如下：

（1）火灾爆炸危险性较大的工艺流程设计，应针对容易发生火灾爆炸事故的部位和操作过程，采取有效的安全措施。

（2）工艺流程设计，应考虑正常开停车、正常操作、异常操作处理及紧急事故处理时的安全措施和设施。

（3）工艺安全泄压系统设计，应考虑设备及管线的设计压力，允许最高工作压力与安全阀、防爆膜的设定压力的关系，并对火灾时的排放量，停水、停电及停气等事故状态下的排放量进行计算和比较，选用可靠的安全泄压设备，以免发生爆炸。

（4）化工企业火炬系统的设计，应考虑进入火炬的物料处理量、物料压力、温度、堵塞、爆炸等因素的影响。

（5）工艺流程设计，应全面考虑操作参数的监测仪表、自动控制回路，设计应正确可靠，吹扫应考虑周全。

（6）控制室的设计，应考虑事故状态下的控制室结构及设施，不致受到破坏或倒塌，并能实施紧急停车，减少事故的蔓延和扩大。生产控制室应在背向生产设备的一侧设安全通道。

（7）工艺操作的计算机控制设计，应充分考虑分散控制系统、计算机备用系统及计算机安全系统，确保发生火灾爆炸时能正常操作。

（8）对工艺生产装置的供电、供水、供风、供气等公用设施的设计，必须满足正常生产和事故状态下的要求，并符合有关防火、防爆法规、标准的规定。

（9）应尽量消除产生静电和静电积聚的各种因素，采取静电接地等各种防静电措施。

（10）工艺过程设计中，应设置各种自控检测仪表、报警信号系统及自动和手动紧急泄压排放安全联锁设施。非常危险的部位，应设置常规检测系统和异常检测系统的双重检测体系。

3. 工艺装置安全设计

在化工生产中，各工艺过程和生产装置由于受内部和外界各种因素的影响，可能产生一系列的不稳定和不安全因素，从而导致生产停顿和装置失效，甚至发生毁灭性的事故。材料的正确选择是工艺装置安全设计的关键，也是确保装置安全运行、防止火灾爆炸的重要手段。

为保证生产过程中的安全，在工艺装置设计时，必须慎重考虑安全装置的选择和使用。由于化工工艺过程和装置、设备的多样性和复杂性，危险性也相应增大，所以在工艺路线和设备确定之后，必须根据预防事故的需要，从防爆控制危险异常状况的发生，以及灾害局限化的要求出发，采用不同类型和不同功能的安全装置。对安全装置设计的基本要求有以下 5 条：

（1）能及时、准确和全面地对过程的各种参数进行检测、调节和控制，在出现异常状况时，能迅速报警或调节，使它恢复正常安全的运行。

（2）安全装置必须能达到预定的工艺指标和安全控制界限的要求，对火灾、爆炸危险性大的工艺过程和装置，应采用综合性的安全装置和控制系统，以保证其可靠性。

（3）要能有效地对装置、设备进行保护，防止过负荷或超限而引起破坏和失效。

（4）正确选择安全装置和控制系统所使用的动力，以保证安全可靠。

（5）要考虑安全装置本身的故障或误动作造成的危险，必要时应设置 2 套或 3 套备用装置。

4. 过程物料安全分析

过程物料的选择，应就物料的物性和危险性进行详细的评估，对一切可能的过程物料从总体上来考虑。过程物料可以划分为过程内物料和过程辅助物料两大类型。在过程设计中，需要汇编出过程物料的目录，记录过程物料在全部过程条件范围内的有关性质资料，作为过程危险评价和安全设计的重要依据。过程物料所需的主要资料如下。

（1）化学产品和企业标识：化学产品名称，企业名称、地址、邮编、电传号码，企业应急电话、国家应急电话。

（2）主要组成及性状：主要成分（每种组分的名称、CAS 号、分子式、分子量、含量）、产品的外观和性状、主要用途。

（3）危险性概述：危险性综述（是否属于危险化学品，是否重点监管，是否易制毒，是否特别管控等）、物理和化学危险性、健康危害、环境影响、特殊危险性。

（4）急救措施：眼睛接触、皮肤接触、吸入、食入。

（5）爆炸性与消防措施：燃烧性、闪点、引燃温度、爆炸极限、灭火剂、灭火要领。

（6）泄漏应急处理：应急行动、应急人员防护、环保措施、清除方法。

（7）搬运与储存：搬运处置注意事项、储存注意事项。

（8）防护措施：车间卫生标准、检测方法、工程控制、呼吸系统防护、眼睛防护、身体防护、手防护、其他卫生注意事项。

（9）物理化学性质：熔点、沸点、相对密度、饱和蒸气压、燃烧热、临界温度、临界压力、溶解性。

（10）稳定性和反应活性：稳定性、避免接触的条件、禁配物、聚合危害。

（11）毒理学资料：急性毒性、刺激性、致敏性、亚急性和慢性毒性、致突变性、致畸性、致癌性。

（12）环境资料：迁移性、持久性/降解性、生物积累性、生态毒性、其他有害作用。

（13）废弃处理：废弃处置方法、废弃注意事项。

（14）运输信息：危险性分类及编号、UN 编号、包装标志、包装类别、包装方法、安全标签、运输注意事项。

（15）法规信息：《危险化学品安全管理条例》《中华人民共和国环境保护法》。

5. 工艺设计安全校核

工艺设计必须满足安全要求，机械设计、过程和布局的微小变化都有可能出现预想不到的问题。工厂和其中的各项设备是为了维持操作参数在允许范围内的正常操作设计的，在开车、试车或停车操作中会有不同的条件，因而会产生与正常操作的偏离。为了确保过程安全，有必要对设计和操作的每一细节逐一校核。

（1）物料和反应的安全校核

① 鉴别所有危险的过程物料、产物和副产物，收集各种过程物料的物质信息资料。

② 查询过程物料的毒性，鉴别进入机体的不同入口模式的短期和长期影响以及不同的允许暴露限度。

③ 考察过程物料气味和毒性之间的关系，确定物料气味是否令人不适。

④ 鉴定工业卫生识别、鉴定和控制所采用的方法。

⑤ 确定过程物料在所有过程条件下的有关物性，查询物性资料的来源和可靠性。

⑥ 确定生产、加工和储存各个阶段的物料量和物理状态，将其与危险性关联。

⑦ 确定产品从加工到用户的运输中，对仓储人员、承运员、铁路工人等呈现的危险。

（2）过程安全的总体规范

① 考虑过程的规模、类型和整体性是否恰当。

② 鉴定过程的主要危险，在流程图和平面图上标出危险区。

③ 考虑改变过程顺序是否会改善过程安全。所有过程物料是否都是必需的，可否选择危险性较小的过程物料。

④ 考虑物料是否有必要排放，如果有必要，排放是否安全以及是否符合规范操作和环保法规。

⑤ 考虑能否取消某个单元或装置并改善安全。

⑥ 考虑校核过程设计是否恰当，正常条件的说明是否充分，所有有关的参数是否都被控制。

（3）非正常操作的安全问题

① 考虑偏离正常操作会发生什么情况，对于这些情况是否采取了适当的预防措施。

② 考虑当工厂处于开车、停车或热备用状态时，能否迅速通畅而又确保安全。

③ 考虑在重要紧急状态下，工厂的压力或过程物料的负载能否有效而安全地降低。

④ 考虑对于一经超出必须校正的操作参数的极限值是否已知或测得，如温度、压力、流速等的极限值。

⑤ 考虑工厂停车时超出操作极限的偏差到何种程度，是否需要安装报警或断开装置。

⑥ 考虑工厂开车和停车时物料正常操作的相态是否会发生变化，相变是否包含膨胀、收缩或固化等，这些变化是否被接受。

⑦ 考虑排放系统能否解决开车、停车、热备用状态、投产和灭火时大量的非正常的排放问题。

⑧ 考虑用于整个工厂领域的公用设施和各项化学品的供应是否充分。

⑨ 考虑惰性气体一旦急需能否在整个区域立即投入使用，是否有备用气供应。

⑩ 考虑在开车和停车时，是否需要加入与过程物料接触会产生危险的物料。

第五节　化工安全技术和环境保护的发展趋势

一、安全生产事业与环境保护

1. 我国的安全生产工作

由于安全事故危害的直观性和直接性，与化工生产环境保护问题相比较，人们对化工安全生产问题的研究更早，更深刻，也更重视。

为了更有效地依法依规对安全生产工作进行规范管理，我国先后颁布了《中华人民共和国安全生产法》《建筑设计防火规范》《石油化工企业设计防火标准》《精细化工企业工程设计防火标准》《石油化工企业职业安全卫生设计规范》等一系列劳动保护和安全生产的法律法规、标准、规范，逐步使安全生产走上了法制化、规范化、标准化、系统化、科学化的轨道。

（1）工程建设"三同时"原则　安全生产法第三十一条明确规定，生产经营单位新建、改建、扩建工程项目的安全设施，必须与主体工程同时设计、同时施工、同时投入生产和使用。安全设施投资应当纳入建设项目概算。

（2）安全生产"五同时"原则　在生产活动中，企业的各级领导必须实行安全和生产的"五同时"原则：在计划、布置、检查、总结、评比生产时，同时计划、布置、检查、总结、评比安全工作。

（3）安全生产"四不放过"原则　万一发生了事故，除必须按规定向各级安全生产监督管理职能部门及时报告外，还必须贯彻事故处理"四不放过"原则：事故原因未查清不放过、责任人员未处理不放过、责任人和群众未受教育不放过、整改措施未落实不放过。事故处理的"四不放过"原则是要求对安全生产工伤事故必须进行严肃认真的调查处理，吸取教训，防止同类事故再次发生。

2. 我国的环境保护发展

随着环境问题日益严重，人们对环境问题的认识也不断发展和提高。一些发达国家在 20 世纪 60 年代后期，先后制定了有关环境保护的条例、规定。日本 1967 年制定了《公害对策基本法》。美国国会 1969 年通过了《国家环境政策法》。1972 年，联合国在斯德哥尔摩召开了人类环境会议，通过了《人类环境宣言》。许多国家相继把环境问题摆上国家的议事日程，建立环保管理机制，制定相关法律，加强管理和指导，采用新技术，使部分环境污染得到了有效控制。

我国的环境保护事业进展过程如下：

1972 年，出席斯德哥尔摩联合国人类环境会议。

1973 年，从中央到地方陆续建立环境管理机构和科研教育机构。

1979 年 9 月，全国人大通过了《中华人民共和国环境保护法（试行）》。

1984 年，成立国务院环境保护委员会，将城乡建设环境保护局改为国家环境保护局。

1989 年 12 月，通过了正式的《中华人民共和国环境保护法》，为制定其他的环保法规提供了依据。

2014 年 4 月，第十二届全国人民代表大会常务委员会第八次会议修订通过新的《中华人民共和国环境保护法》，自 2015 年 1 月 1 日起施行。

自环保法颁布以来，国家和地方制定颁布的与环境保护相关的法律法规达 1000 多件，形成了由国家法律和地方性法规相结合的环境保护法律体系。

特别是自十八大以来，国内刮起了一阵阵"环保风暴"，从国家到地方政府相关部门多次联合提出数批限期治理的严重污染环境的企业名单，并下令关闭了一大批严重污染环境而又无法改造的企业，同时处理了一大批相关责任人。我国环保工作取得了实质性进展并建立了环境保护八项制度。

二、安全生产技术和环境保护

我国 21 世纪实施的可持续发展战略,对有效推行安全生产和清洁生产起到指导作用。化工装置和控制技术的可靠性研究、化工设备故障诊断技术、化工安全与环境保护的评价技术、安全系统工程的开展和应用以及防火、防爆和防毒技术都有了很快的发展,化工生产安全程度进一步提高。化工生产中的废气、废水、废渣等有毒有害物质的危害及处理技术的研究开发都取得了进展,强化管理与监督工作更加严格,并且向着综合利用,循环经济生产方式发展,力争做到有毒有害物质达标排放,减少排放数量,直到零排放。

因此,安全生产和环境保护是按照社会化大生产的客观要求、人与自然生态平衡的要求、科学发展观的要求而从事的化工生产经营活动。

(1) 安全生产和环境保护是化工生产的首要任务。由于化工生产中易燃、易爆、有毒、有腐蚀性的物质多,高温、低温、高压设备多,工艺过程复杂、操作控制严格,如果管理不细,操作失误,就可能发生火灾、爆炸、中毒等事故以及废气、废水、废渣超标排放等,影响生产的正常进行。轻则导致产品质量不合格、产量波动、成本加大以及生产环境污染,重则造成人员伤亡、设备损坏、建筑物倒塌以及生态环境严重污染等事故。

(2) 安全生产和环境保护是化工生产的保障。设备规模的大型化,生产过程的连续化,过程控制自动化、智能化,是现代化工生产的发展方向,但要充分发挥现代化工生产的优势,必须做好安全生产和环境保护的保证工作,确保生产设备长期、连续、安全运行,实现节能降耗,减少"三废"排放量。

(3) 安全生产和环境保护是化工生产的关键。我国要求化工新产品的研究开发项目,化工建设的新建、改建、扩建的基本建设工程项目,技术改造的工程项目,技术引进的工程项目等的安全生产措施和防治污染环境的技术措施应符合我国标准的规定,并做到与主体工程同时设计、同时施工、同时投产使用。这是管理单位、设计单位、监督检查单位和建设单位的共同责任,也是企业职工和安全、环保专业工作者的重要使命。

第二章
化工反应过程安全技术

化工反应过程不仅包含化学现象，同时也包含物理现象的传递现象。通过化学的方式将原材料进行加工，形成最终的成品。本章将通过一些典型的化工反应过程的安全技术，来提高对化工反应过程技术的认知。

第一节　化工反应过程分类

实现物质转化是化工生产的基本任务。物质的转化反应常因反应条件的微小变化而偏离预期的反应途径，因此化工反应过程有较大的危险性。充分评估反应过程的危险性，有助于改善过程的安全性。化工反应过程的危险性分析一般包括以下内容：

（1）鉴别一切可能的化学反应，对预期的和意外的化学反应都要考虑。对潜在的不稳定的主反应和副反应，如自燃或聚合等进行考察，考虑改变反应物的相对浓度或其他操作条件是否会使反应的危险程度降低。

（2）考虑操作故障、设计失误、不需要发生的副反应、反应器失控、结垢等引起的危险。分析反应速率和有关变量的相互依赖关系，防止副反应可能带来的危害，确定过度热量产生的限度。

（3）评价副反应是否生成毒性或爆炸性物质，是否会形成危险垢层。

（4）考察物料是否吸收空气中的水分而变潮，表面是否会黏附具有毒性或腐蚀性的液体或气体。鉴别不稳定的过程物料，确定其在热、压力、震动和摩擦下的危险。

（5）确定所有杂质对化学反应和过程混合物性质的影响。

（6）确保结构材料彼此相容并与过程物料相容。

（7）考虑过程中的危险物质，如不凝物、毒性中间体或积累的副产物。

在化工生产过程中，根据不同的危险性，化工反应一般分类如下：

（1）含有本质上不稳定物质的化工反应，这些不稳定物质可能是原料、中间产物、成品、副产品、添加物或杂质等。

（2）放热的化工反应。

（3）含有易燃物料且在高温、高压下运行的化工反应。

（4）含有易燃物料且在低温状况下运行的化工反应。

（5）在爆炸极限内或接近爆炸极限的化工反应。

（6）有可能形成爆炸性尘雾混合物的化工反应。

（7）有高毒物料存在的化工反应。

（8）有高压或超高压存在的化工反应。

在化工生产过程中，比较危险的反应类型主要有：燃烧、氧化、加氢、还原、聚合、卤化、硝化、烷基化、氨基化、芳化、缩合、重氮化、电解、催化、裂解、氯化、磺化、酯化、中和、闭环、酰化、酸化、盐析、脱溶、水解、偶合等。

这些化工反应按其热反应的危险程度增加的次序可分为四类。

（1）第一类化工过程

① 加氢，将氢原子加到双键或三键的两侧；

② 水解，化合物和水反应，如用硫或磷的氧化物生产硫酸或磷酸；

③ 异构化，在一个有机物分子中原子的重新排列，如直链分子变为支链分子；

④ 磺化，通过与硫酸反应将磺酸基（—SO_3H）导入有机物分子；

⑤ 中和，酸与碱反应生成盐和水。

（2）第二类化工过程

① 烷基化（烃化），将一个烷基原子团加到一个化合物上形成各种有机化合物；

② 酯化，酸与醇反应，当酸是强活性物料时，危险性增加；

③ 氧化，某些物质与氧化合，反应控制在不生成 CO_2 及 H_2O 的阶段，采用强氧化剂如氯酸盐、高氯酸、次氯酸及其盐时，危险性较大；

④ 聚合，分子连接在一起形成链或其他连接方式；

⑤ 缩聚，连接两种或更多的有机物分子，生成水、HCl 或其他化合物。

（3）第三类化工过程是卤化等，将卤族原子（氟、氯、溴或碘）引入有机分子。

（4）第四类化工过程是硝化等，用硝基取代有机化合物中的氢原子。

化学反应过程危险性的识别，不仅应考虑主反应，还需考虑可能发生的副反应、产生的杂质，或杂质积累所引起的反应、材料腐蚀反应等。

第二节　化工工艺参数安全控制

在化学工业生产中，工艺参数主要是指温度、压力、液位、流量、物料配比等。工艺参数失控，不但会破坏平稳的生产过程，还常常会导致火灾、爆炸事故。所以，严格将工艺参数控制在安全限度以内，是实现安全生产的基本保证。

一、温度控制

温度是化工生产的主要控制参数之一。各种化学反应都有其最适宜的温度范围；各种机械、电气、仪表设备都有使用的最高和最低允许温度；各种原材料、助剂等都有储存、使用的温度范围。原油加工、蒸馏、精馏过程中不同的控制温度更是直接决定着不同馏分产物的组成。在化工工艺过程中，如果温度过高，反应物有可能分解起火，造成压力过高，甚至导致爆炸；也可能因温度过高而产生副反应，生成危险的副产物。升温过快、过高或冷却装置发生故障，都可能引起剧烈反应，乃至冲料或爆炸。温度过低会造成反应速率减慢或反应停滞，温度一旦恢复正常，往往会因为未反应物料过多而使反应加剧，有可能引起爆炸；温度过低还会使某些物料冻结，造成管道堵塞或破裂，致使易燃物料泄漏引发火灾或爆炸。

岗位操作对温度的影响是最直接的。生产过程的温度控制手段要力求完善，操作要力求准确。反应温度的安全控制措施如下。

1. 移出反应热

化学反应总是伴随着热效应，放出或吸收一定热量。大多数反应，如各种有机物质的氧化反应、卤化反应、水合反应、缩合反应等都是放热反应。为了使反应在一定的温度下进行，必须从反应系统中移出一定的热量，以免因过热而引起爆炸。

温度的控制可以靠传热介质的流动移出反应热来实现。移出反应热的方法有夹套冷却、内蛇管冷却，或两者兼有，还有稀释剂回流冷却、惰性气体循环冷却等。还可以采用一些特殊结构的反应器或在工艺上采取一些措施，达到移出反应热控制温度的目的。例如：合成甲醇是强放热反应，必须及时移出反应热以控制反应温度，同时对废热加以利用。可在反应器内装配热交换器，混合合成气分两路，其中一路控制流量以控制反应温度。目前，强放热反应的大型反应器，其中普遍装有废热锅炉，依靠废热蒸汽带走反应热，同时废热蒸汽作为加热源可以再利用。

加入其他介质，如通入水蒸气带走部分反应热，也是常用的方法。乙醇氧化制取乙醛就是将乙醇蒸气、空气和水蒸气的混合气体送入氧化炉，在催化剂作用下生成乙醛。利用水蒸气的吸热作用将多余的反应热带走。

2. 选择合适的传热介质

传热介质，即热载体，常用的有水、水蒸气、碳氢化合物、熔盐、熔融金属、烟道气等。充分了解传热介质的性质，选择合适的传热介质，对传热过程安全十分重要。使用传热介质时应注意以下几点。

（1）避免使用性质与反应物料相抵触的介质。如环氧乙烷很容易与水剧烈反应，即使极微量的水分渗入液态环氧乙烷中，也会引发自聚放热并产生爆炸。

（2）防止传热介质结垢。在化学工业中，设备传热面结垢是普遍现象。传热面结垢不仅会影响传热效率，更危险的是在结垢处易形成局部过热点，造成物料分解而引发爆炸。换热器内传热流体宜采用较高流速，这样既可以提高传热效率，又可以减少污垢在传热表面的沉积。

（3）传热介质使用安全问题。传热介质在使用中处于高温状态，安全问题十分重要。高温传热介质，如联苯混合物（73.5%联苯醚和26.5%联苯）在使用过程中要防止低沸点液体（如水或其他液体）进入。低沸点液体进入高温系统，会立即汽化超压而引起爆炸。传热介质运行系统在水压试验后，一定要有可靠的脱水措施，在运行前应进行干燥吹扫处理。

3. 防止搅拌中断

搅拌可以加速反应物料混合以及热传导。生产过程如果搅拌中断，可能会造成局部反应加剧和散热不良而引起爆炸。对因搅拌中断可能引起事故的装置，应采取防止搅拌中断的措施，例如采用双路供电、自动停止加料及有效的降温措施等。

二、压力控制

有些反应过程会产生气态副产物，再加上系统自身的压力，如果尾气系统排压不畅，就会使整个反应系统憋压，影响系统的压力控制，严重时会引起事故。如某化工厂乙苯绝热脱气炉在冬季开车时，由于脱氢反应系统尾气放空，阻火器被凝结水冻堵，排压不畅，导致绝热脱氢炉系统憋压。如果反应系统的增压与尾气凝结水（液）的冻堵一起发生，其危害更大，所以更应引起高度重视。

三、液位控制

生产过程的液位控制主要是不超装、不超储、不超投料，液面要真实。假液面是生产过程中影响液位控制的常见问题。形成假液面的主要原因如下：

（1）液位计（及液位计管）冻堵；

（2）密度不同的液体混合操作时，由于液位计管内和容器内的液体密度不同，造成液位计液面与容器实际液面不一致；

（3）液位计阀门关闭或堵塞；

（4）液位计管、阀门被凝胶、自聚物、过氧化物（由于许多液位计管是透明的，容易暴露在阳光下，所以在液位计处很容易形成自聚物和过氧化物）等堵塞；

（5）储槽排水（排液）不及时；

（6）液位计与容器气相不连通，造成气阻；

（7）容器内液体汽化，造成气液相界面不稳；

（8）接送料操作中液面不稳定。

消除假液面首先要稳定操作，认真进行岗位巡回检查。另外还应注意液位计的选型和结构的改进。

四、加料控制

加料控制主要是指对加料配比、加料速度、加料顺序及加料量的控制。

1. 加料配比控制

在化工生产中，物料配比不仅决定反应进程和产品质量，而且对安全也有着重要影响。

如用乙烯和氧生产环氧乙烷的反应，其浓度接近爆炸范围，尤其是在开车时催化剂活性较低，容易造成反应器出口氧浓度过高，为保证安全，应设置联锁装置，经常检查循环气的组成。

催化剂对化学反应速率影响极大，如果催化剂过量，就有可能发生危险。可燃或易燃物料与氧化剂反应，要严格控制氧化剂的加料速度和加料量。对于能形成爆炸性混合物的生产，物料配比应严格控制在爆炸极限以外。如果工艺条件允许，可以添加水蒸气、氮气等惰性气体稀释。

2. 加料速度控制

对于放热反应，加料速度不能超过设备的传热能力，否则，物料温度将会急剧升高，引起物料的分解、突沸，造成事故。加料时如果温度过低，往往造成物料的积累、过量。一旦温度升高，反应加剧，此时热量往往不能及时导出，温度和压力都会超过正常指标，导致事故。

加料速度的控制操作应注意以下几个方面：

（1）选择合适的计量设备。要根据实际加入量选择计量槽和计量泵的大小。如果计量泵、计量槽选择过大，会降低计量调节精度，使操作难以控制。

（2）简化计量系统工艺配管，提高自动化控制水平。尽量减少物料在系统的滞留量，一方面可以缩短计量环节的反应时间，另一方面可减少物料在计量系统停留时的凝结、结晶、沉淀。特别是间歇聚合的生产过程，液位计和加料管线堵塞是冬季生产的常见问题。

（3）准确计量、核准配方量。

（4）精心操作。认真检查计量设备，及时消除假液面。DCS 控制系统要注意核对计量前后的液面变化，防止计算机控制的误动作或假动作。

3. 加料顺序控制

在加料过程中，值得注意的是加料顺序的问题。例如，氯化氢合成应先加氢后加氯，三氯化磷合成应先加磷后加氯等，反之就有可能发生爆炸。

4. 加料量控制

化工反应设备或储罐都有一定的安全容积，带有搅拌的反应设备要考虑搅拌开动时的液面升高；储罐、气瓶要考虑温度升高后液面或压力的升高；若加料过多，超过安全容积系统，往往会引起溢料或超压。加料过少，可能使温度计接触不到液面，温度显示出现假象，导致判断错误而发生事故。

五、成分控制

在普通化学反应和高分子聚合反应中，原料（或反应物）中的杂质虽然量少，但影响很大。如在聚合反应过程中，有些杂质会降低聚合反应活性，降低反应速率；有些杂质会破坏乳化液、悬浮液等反应系统的稳定性，造成反应器内凝聚结块堵塞设备；有些杂质会使高分子链发生歧化和交联，影响聚合产品质量等。在许多化学反应过程中杂质的存在会引发副反应。原料中的杂质可能直接导致生产和储运过程中发生事故。如丁二烯中过氧化物含量增多，就有可能发生因过氧化物受热或受震动分解引起的爆炸事故。

对于化工原料和产品，纯度和成分是质量要求的重要指标，对生产和管理安全也有着重要影响。如果反应原料气中含有的有害气体不清除干净，在物料循环过程中会不断积累，最终会导致燃烧或爆炸等事故的发生。清除有害气体，可以采用吸收的方法，也可以在工艺上采取措施，使之无法积累。例如高压法合成甲醇，在甲醇分离器之后的气体管道上设置放空管，通过控制放空量以保证系统中有用气体的比例。这种将部分反应气体放空或进行处理的方法也可以用来防止其他爆炸性介质的积累。

在化工操作中，对原材料或反应物杂质的控制如下：①按规定进行使用前的取样分析，不合格的不能使用；②注意观察原材料、助剂的外观，如丁二烯过氧化物为乳白黏稠状，许多阻聚杂质会使原料变为黄色或棕色等；③加强原料、助剂投入反应后的操作监控，及时根据反应异常现象判断原材料助剂中杂质的影响，有针对性地采取措施，保证生产的安全稳定。

六、自动控制与安全保护装置

1. 自动控制

化工自动化生产中，大多是对连续变化的参数进行自动调节。对于在生产控制中要求一组机构按一定的时间间隔做周期性动作的，如合成氨生产中原料气的制造，要求一组阀门按一定的要求作周期性切换，就可采用自动程序控制系统来实现。它主要是由程序控制器按一定时间间隔发出信号，驱动执行机构动作。

2. 安全保护装置

（1）信号报警装置　化工生产中，在出现危险状况时信号报警装置可以警告操作者及时采取措施消除隐患。发出信号的形式一般为声、光等，通常都与测量仪表相联系。需要说明的是，信号报警装置只能提醒操作者注意已发生的不正常情况或故障，但不能自动排除故障。

（2）保险装置　保险装置在发生危险状况时，则能自动消除不正常状况。如锅炉、压力容器上装设的安全阀和防爆片等安全装置。

（3）安全联锁装置　所谓联锁就是利用机械或电气控制依次接通各个仪器及设备，并使之彼此发生联系，达到安全生产的目的。

安全联锁装置是对操作顺序有特定安全要求、防止误操作的一种安全装置，有机械联锁和电气联锁。例如，需要经常打开的带压反应器，开启前必须将器内压力排除，经常连续操作容易出现疏忽，因此可将打开孔盖与排除器内压力的阀门进行联锁。

化工生产中，安全联锁装置常用于以下几种情况：

① 同时或依次放两种液体或气体时；

② 在反应终止需要惰性气体保护时；

③ 打开设备前需预先解除压力或需要降温时；

④ 当两个或多个部件、设备、机器由于操作错误容易引起事故时；

⑤ 当工艺控制参数达到某极限值，开启处理装置时；

⑥ 某危险区域或部位禁止人员入内时。

例如，硫酸与水的混合操作中，必须先往设备中注入水再注入硫酸，否则将会发生喷溅和灼伤事故。将注水阀门和注酸阀门依次联锁起来，就可达到此目的。

第三节　常见化工反应过程安全技术

一、氧化反应安全技术

1. 氧化反应及其特点

氧化反应中存在电子的得失。物质失去电子的反应是氧化反应，失电子的物质是还原剂；得到电子的反应是还原反应，得电子的物质是氧化剂。

狭义的氧化反应是物质与氧化合的反应。能氧化其他物质而自身被还原的物质称为氧化剂，能还原其他物质而自身被氧化的物质称为还原剂。物质与氧缓慢反应，缓缓发热而不发光的氧化属缓慢氧化，如金属锈蚀、生物呼吸等。剧烈的发光发热的氧化反应是燃烧。氧化反应在化学工业中有广泛的应用，如氨氧化制硝酸、甲醇氧化制甲醛、乙烯氧化制环氧乙烷等。

氧化反应有以下特点：

（1）被氧化的物质大多是易燃易爆的危险化学品，通常以空气或氧气为氧化剂，反应体系随时都可能形成爆炸性混合物。

（2）氧化反应大多是强放热反应，特别是完全氧化反应，放出的热量比部分氧化反应大 8～10 倍，温度控制不当极易引起系统爆炸，所以及时有效地移走反应热是一个非常关键的步骤。

（3）有机过氧化物不仅具有很强的氧化性，而且大部分是易燃易爆物质，受热超过一定温度后会分解产生含氧自由基，不稳定、易分解并燃烧爆炸。例如，乙烯氧化制环氧乙烷，乙烯在氧气中的爆炸下限为 91%，即含氧量为 9%，反应体系中氧含量要求严格控制在 9% 以下。其产物环氧乙烷在空气中的爆炸极限很宽，为 32%～100%；同时，反应放出大量的热增加了反应体系的温度。在高温下，由乙烯、氧和环氧乙烷组成的循环气具有更大的爆炸危险性。

对于强氧化剂，如高锰酸钾、氯酸钾、铬酸钾、过氧化氢、过氧化二苯甲酰等，由于具有很强的助燃性，遇高温或受撞击、摩擦以及与有机物、酸类接触，都能引起燃烧或爆炸。

2. 氧化反应过程安全技术

（1）氧化反应温度的控制　氧化反应需要加热，反应过程又会放热，特别是催化气相氧化反应一般都是在 250～600℃ 的高温下进行。有些物质的氧化（如氨、乙烯和甲醇蒸气在空气中的氧化），其物料配比接近于爆炸下限，倘若配比失调，温度控制不当，极易爆炸起火。

对于气-固相催化氧化反应，温度过高会烧坏固体催化剂，造成生产事故，还可能引起燃烧。

对于气-液相催化氧化反应，温度应控制在液体原料沸点以下，否则，大量液体原料汽化，在反应器上部气相区与空气会形成爆炸性混合物。

对于可能生成不稳定过氧化物的反应过程，为防止过氧化物受条件波动发生爆炸，要保持温度控制的稳定性。

（2）氧化物质的控制

① 惰性气体保护。被氧化的物质大部分是易燃易爆物质，如与空气混合极易形成爆炸性混合物。因此，生产装置要密闭，防止空气进入系统和物料跑、冒、滴、漏，生产中物料加入、半成品或产品转移要加惰性气体保护。工业上采用加入惰性气体（如氮气、二氧化碳）的方法，来改变循环气的成分，偏离混合气的爆炸极限，增加反应体系的安全性；同时，这些惰性气体具有较高的热容，能有效地带走部分反应热，增加反应系统的稳定性。

② 合理选择物料配比及加料速度。氧化剂具有很大的火灾危险性，因此，在氧化反应中，一定要严格控制氧化剂的配料比及加料速度。例如氨在空气中氧化合成硝酸和甲醇蒸气在空气中氧化制甲醛，其物料配比接近爆炸下限，倘若配比失调，温度控制不当，极易爆炸起火。氧化剂的加料速度也不宜过快，要有良好的搅拌和冷却装置，防止升温过快、温度过高。另外，要防止设备、物料含有的杂质为氧化剂提供催化剂，例如金属杂质遇有些氧化剂会引起分解。使用空气时一定要净化，除掉空气中的灰尘、水分和油污等。

（3）氧化过程的控制

① 氧化反应使用的原料及产品，应按有关危险品的管理规定，采取相应的防火措施，如隔离存放、远离火源、避免高温和日晒、防止摩擦和撞击等。如果是易燃液体或气体电介质，应安装能导除静电的接地装置。在设备系统中宜设置氮气、水蒸气灭火装置，以便能及时扑灭火灾。

② 严格控制反应压力。为防止氧化过程压力过高，造成冲料，引起火灾爆炸事故，一定要严密注意并控制反应压力。

③ 要有良好的搅拌和冷却装置，防止温升过快、温度过高。

④ 氧化反应接触器有卧式和立式两种，内部填装有催化剂。一般多采用立式，因为这种形式的催化剂装卸方便，而且安全。

⑤ 使用硝酸、高锰酸钾等氧化剂进行氧化时要严格控制加料速度，防止多加、错加。固体氧化剂应该粉碎后使用，最好呈溶液状态使用，反应时要不间断地搅拌。为防止反应器内物料发生燃烧爆炸时危及人员及设备装置的安全，在反应器进出料管道上应安装阻火器，防止火势蔓延；在反应器顶部应安装卸压装置。

⑥ 由于氧化反应的危险性，过程应尽可能采用自动控制以及警报联锁装置。操作过程应严密监视各项控制装置。

⑦ 为防止氧化过程中发生各类事故，应制定完整的紧急停车方案和操作步

骤，一旦出现失控，应立即实施紧急停车。

二、还原反应安全技术

1. 还原反应及其特点

还原反应种类很多，但多数还原反应的反应过程比较缓和。常用的还原剂有铁（铸铁屑）、硫化钠、亚硫酸盐（亚硫酸钠、亚硫酸氢钠）、锌粉、保险粉、分子氢等。有些还原反应会产生氢气或使用氢气，有些还原剂和催化剂有较大的燃烧、爆炸危险性。

2. 还原反应过程安全技术

以下为几种危险性较大的还原反应及其安全技术要点。

（1）利用初生态氢还原的安全 利用铁粉、锌粉等金属和酸、碱作用产生初生态氢，起还原作用。例如，硝基苯在盐酸溶液中被铁粉还原成苯胺。

反应时酸、碱的浓度要控制适宜，浓度过高或过低都会使产生初生态氢的量不稳定，使反应难以控制。反应温度也不宜过高，否则容易突然产生大量氢气而造成冲料。反应过程中应注意搅拌效果，以防止铁粉、锌粉下沉。一旦温度过高，底部金属颗粒动能加大，将产生大量氢气而造成冲料。反应结束后，反应器内残渣中仍有铁粉、锌粉在继续作用，不断放出氢气，很不安全，应放入室外储槽中，加冷水稀释，槽上加盖并设排气管以导出氢气，待金属粉消耗殆尽，再加碱中和。若过早中和，则容易产生大量氢气并生成大量的热，将导致燃烧爆炸。

（2）在催化剂作用下加氢的安全 有机合成等过程中，常用雷尼镍（Raney-Ni）、钯碳等催化剂使氢活化，然后再进行还原反应。

催化剂雷尼镍和钯碳在空气中吸潮后有自燃的危险。钯碳更易自燃，平时不能暴露在空气中，而要浸在酒精中。反应前必须用惰性气体如氮气等置换反应器中的全部空气，经测定证实含氧量降低到符合要求后，方可通入氢气。反应结束后，应先用氮气把氢气置换掉，再氮封保存。

无论是利用初生态氢还原，还是催化加氢，都是在氢气存在下，并在加热、加压条件下进行。氢气的爆炸极限为4%～75%，如果操作失误或设备泄漏，都极易引起爆炸。操作中要严格控制温度、压力和流量。厂房的电气设备必须符合防爆要求，且应采用轻质屋顶，打开天窗或风帽，使氢气易于飘逸。尾气排放管要高出房顶并设阻火器。加压反应的设备要配备安全阀，反应中产生压力的设备要装设爆破片。

高温高压下的氢对金属有渗碳作用，易造成氢腐蚀，所以，对设备和管道的选材要符合要求，对设备和管道要定期检测，以免发生事故。

（3）使用其他还原剂还原的安全　常用还原剂中火灾危险性大的还有硼氢类、氢化铝锂、氢化钠、保险粉（连二亚硫酸钠）、异丙醇铝等。常用的硼氢类还原剂为硼氢化钾和硼氢化钠。硼氢化钾通常溶解在液碱中比较安全。它们都是遇水燃烧的物质，在潮湿的空气中能自燃，遇水和酸即分解放出大量的氢，同时产生大量的热，可使氢气燃爆，要储存于密闭容器中，置于干燥处。在生产中，调节酸、碱度时要特别注意防止加酸过多、过快。

氢化铝锂有良好的还原性，但遇潮湿空气、水和酸极易燃烧，应浸没在煤油中储存。使用时应先将反应器用氮气置换干净，并在氮气保护下投料和反应。反应热应由油类冷却剂取走，不应用水，防止水漏入反应器内发生爆炸。

用氢化钠作还原剂与水、酸的反应与氢化铝锂相似，它与甲醇、乙醇等反应相当激烈，有燃烧、爆炸的危险。

保险粉是一种还原效果不错且较为安全的还原剂，它遇水发热，在潮湿的空气中能分解放出黄色的硫黄蒸气。硫黄蒸气自燃点低，易自燃。使用时应在不断搅拌下，将保险粉缓缓溶于冷水中，待溶解后再投入反应器与物料反应。

异丙醇铝常用于高级醇的还原，反应较温和。但在制备异丙醇铝时须加热回流，将产生大量氢气和丙醇蒸气，如果铝片或催化剂三氯化铝的质量不佳，反应就不正常，往往先是不反应，温度升高后又突然反应，引起冲料，增加了燃烧、爆炸的危险性。

在还原过程中采用危险性小而还原性强的新型还原剂对安全生产很有意义。例如，用硫化钠代替铁粉还原，可以避免氢气产生，同时也消除了铁泥堆积问题。

三、硝化反应安全技术

1. 混酸配制的安全技术

硝化多采用混酸，混酸中硫酸量与水量的比例应当计算后确定，混酸中硝酸量不应少于理论需要量，实际上会过量1％～10％。

在配制混酸时用压缩空气不如机械搅拌好，有时会带入水或油类，并且酸易被夹带出去造成损失。酸类化合物混合时放出稀释热，高温下可能引起爆炸，所以必须进行冷却，避免因强烈氧化而引起自燃。

2. 硝化器的安全技术

硝化一般是间歇操作。物料由上部加入锅内，在搅拌条件下迅速与原料混合并进行硝化反应。加热可在夹套或蛇管内通入蒸汽；冷却可通冷却水或冷冻剂。

采用多段式硝化器可使硝化过程达到连续化，不仅可以显著地减少能量的消耗，而且还能减少爆炸中毒的危险。硝化器夹套中冷却水压力呈微负压，在进水管上必须安装压力计，在进水管及排水管上都需要安装温度计。应严防冷却水因夹套焊缝腐蚀而漏入硝化物中。

为便于检查，在废水排出管中，应安装电导自动报警器，当管中进入极少的酸时，水的电导率即会发生变化而报警。另外对流入及流出水的温度和流量也要特别注意。

3. 硝化过程的安全技术

为严格控制硝化反应温度，控制好加料速度，硝化剂加料应采用双重阀门控制，还应设置冷却水源备用系统。反应中应持续搅拌，保持物料混合良好，并备有保护性气体搅拌和人工搅拌的辅助设施。搅拌机应当有自动启动的备用电源。搅拌轴采用硫酸作润滑剂，温度套管用硫酸作导热剂，不可使用普通机械油或甘油，防止机械油或甘油被硝化而形成爆炸性物质。

硝化器应附设相当容积的紧急放料槽，放料阀可采用自动控制的气动阀和手动阀并用方式。

硝化器上的加料口关闭时，应安装可移动的排气罩。设备应当采用抽气法或利用带有铝制透平的防爆型通风机进行通风。

硝化器应当安装温度自动调节装置，防止超温发生爆炸。应安装特制的真空仪器，此外最好还要安装自动酸度记录仪。取样时应当防止未完全硝化的产物突然着火。向硝化器中加入固体物质，必须自加料器上部的平台上将物料沿专用的管子加入硝化器中，防止外界杂质进入硝化器中。对于特别危险的硝化物（如硝化甘油），则需将其放入装有大量水的事故处理槽中。

硝化器盖上不得放置用油浸过的填料。在搅拌器的轴上，应备有小槽，以防止齿轮上的油落入硝化器中。

硝化过程中最危险的是有机物质的氧化，主要预防措施如下：仔细地配制反应混合物；除去其中易氧化的组分；调节温度及连续混合；卸出物料可用真空卸料；装料口应当采用密闭化措施。

设备易腐蚀，必须经常检修、更换零部件。硝化设备应确保严密不漏，防止硝化物料溅到蒸汽管道等高温表面上而引起爆炸或燃烧。如管道堵塞时，可用蒸汽加温疏通，千万不能用金属棒敲打或明火加热。车间内禁止带入火种，电气设备要防爆。当设备需动火检修时，应拆卸设备和管道，并移至车间外安全地点，用蒸汽反复冲刷残留物质，经分析合格后，方可施焊。需要报废的管道，应专门处理后堆放起来，不可随便拿用，避免发生意外事故。

四、氯化反应安全技术

1. 氯化反应过程及方法

以氯原子取代有机化合物中氢原子的过程称为氯化反应。化工生产中的此种取代过程是直接用氯化剂处理需被氯化的原料。氯化反应的危险性主要取决于被氯化物质的性质以及反应过程的控制条件。由于氯气本身的毒性较大，储存压力较高，因此，一旦发生泄漏是很危险的。近年来，在危险化学品事故中，液氯的泄漏成为发生频率较高的事故之一。由于参与氯化反应所用的原料大多是有机物，易燃易爆，在氯化物生成过程中就必然存在着火灾隐患。

在被氯化物中，比较重要的有甲烷、乙烷、戊烷、苯、甲苯及萘等。被广泛应用的氯化剂有液态或气态的氯、气态氯化氢和各种浓度的盐酸、磷酰氯（三氯氧化磷）、三氯化磷、硫酰氯（二氯硫酰）、次氯酸钙等。

在氯化过程中，不仅原料与氯化剂发生作用，而且所生成的氯化衍生物与氯化剂也发生作用，因此在生成物中除一氯取代物之外，总是含有二氯及三氯取代物。所以氯化的产物是各种不同浓度的氯化产物的混合物，反应过程中往往伴有氯化氢气体的生成。

影响氯化反应的因素是被氯化物及氯化剂的化学性质、反应温度及压力（压力影响较小）、催化剂上反应物的聚积状态等。工业生产过程氯化反应是在接近大气压下进行的放热反应，通常在较高温度下完成，一旦参与反应的物质泄漏，就会造成燃烧和爆炸，所以一般氯化反应装置必须配备良好的冷却系统，以便及时移出反应热量，而且要严格控制氯气流量，以免因氯气流量过大导致温度急剧上升而引起事故。多数氯化反应要在稍高于大气压力或者比大气压力稍低的条件下进行，以促使气体氯化氢逸出。真空度常常通过在氯化氢排出导管上设置喷射器来实现。

根据促进氯化反应的手段不同，工业上采用的氯化方法主要有以下四种。

（1）热氯化法。热氯化法是以热能激发氯分子，使其分解成活泼的氯自由基进而取代烃类分子中的氢原子，生成各种氯衍生物。工业上将甲烷氯化制取各种甲烷氯衍生物，将丙烯氯化制取 α-氯丙烯，均采用热氯化法。

（2）光氯化法。光氯化是以光能激发氯分子，使其分解成氯自由基，进而实现氯化反应。光氯化法主要应用于液氯相氯化，例如苯的光氯化制备农药等。

（3）催化氯化法。催化氯化法是利用催化剂以降低反应活化能，促使氯化反应的进行。在工业上均相和非均相的催化剂均有采用，例如将乙烯在 $FeCl_2$ 催化剂存在下与氯加成制取二氯乙烷，将乙炔在 $HgCl_2$/活性炭催化剂存在下与氯化氢加成制取氯乙烯等。

（4）氧氯化法。氧氯化法是以 HCl 为氯化剂，在氧和催化剂存在下进行氯化反应。

生产含氯衍生物所用的化学反应有取代氯化和加成氯化两种。

2. 氯化反应安全技术与预防

（1）氯气的安全使用　最常用的氯化剂是氯气。在化工生产中，氯气通常液化储存和运输，常用的容器有储罐、气瓶和槽车等。储罐中的液氯在进入氯化器使用之前必须先进入蒸发器使其汽化。在一般情况下不能把储存氯气的气瓶或槽车当储罐使用，因为这样有可能使被氯化的有机物质倒流进气瓶或槽车，引起爆炸。对于一般氯化器应装设氯气缓冲罐，防止氯气断流或压力减小时形成倒流。

（2）氯化反应过程安全技术　氯化反应的危险性主要决定于被氯化物质的性质及反应过程的控制条件。由于氯气本身的毒性较大（被列入剧毒化学品名录），储存压力较高，一旦泄漏是很危险的。反应过程所用的原料大多是有机物，易燃易爆，所以生产过程有燃烧爆炸的危险，应严格控制各种点火能源，电气设备应符合防火防爆的要求。

氯化反应是一个放热过程，尤其在较高温度下进行氯化，反应更为激烈。例如环氧氯丙烷生产中，丙烯预热至300℃左右进行氯化，反应温度可升至500℃，在这样高的温度下，如果物料泄漏就会造成燃烧或引起爆炸。因此，一般氯化反应设备必须备有良好的冷却系统，严格控制氯气的流量，以避免因氯气流量过大、温度剧升而引起事故。

液氯的蒸发汽化装置，一般采用气-水混合办法进行升温，加热温度一般不超过50℃，气-水混合的流量一般应采用自动调节装置调节。在氯气的入口处，应安装有氯气的计量装置，从钢瓶中放出氯气时可以用阀门来调节流量。如果阀门开得太大，一次放出大量气体时，由于汽化吸热的缘故，液氯被冷却了，瓶口处压力因而降低，放出速度则趋于缓慢，其流量往往不能满足需要，此时在钢瓶外面通常附着一层白霜。因此若需要气体氯流量较大时，可并联几个钢瓶，分别由各钢瓶供气，就可避免上述的问题。若用此法氯气量仍不足时，可将钢瓶的一端置于温水中加温。要注意当液氯蒸发时，三氯化氮大部分残留于未蒸发的液氯残液中，随着蒸发时间延长，三氯化氮在容器底部富集，达到5％即可发生爆炸。

（3）氯化反应设备腐蚀的预防　由于氯化反应几乎都有氯化氢气体生成，因此所用的设备必须耐腐蚀，应严密不漏。氯化氢气体极易溶于水中，通过增设吸收和冷却装置就可以除去尾气中绝大部分氯化氢。除用水洗涤吸收之外，也可以采用活性炭吸附和化学处理方法。采用冷凝方法较合理，但要消耗一定的冷量。采用吸收法时，则须用蒸馏方法将被氯化原料分离出来，再次处理有害物质。为了使逸出的有毒气体不致混入周围的大气中，采用分段碱液吸收器将有毒气体吸收，与大气相通的管子上应安装自动信号分析器，借以检查吸收处理进行得是否完全。在氯化氢生产过程中，进入合成炉的氯气和氢气的混合比例要控制得当，氢过量则容易爆炸，氯过量则易污染大气并造成安全事故。

五、催化反应安全技术

1. 催化反应及其危险性分析

催化反应是在催化剂的作用下所进行的化学反应。化学反应中，反应分子原有的某些化学键，必须解离并形成新的化学键，这需要一定的活化能，在某些难以发生化学反应的体系中，加入有助于反应的催化剂可降低反应所需的活化能，从而加快反应速率。例如由氮和氢合成氨，由二氧化硫和氧合成三氧化硫，由乙烯和氧合成环氧乙烷等都属于催化反应。

催化剂是一种能够改变一个化学反应的反应速率，却不改变化学反应热力学平衡位置，本身在化学反应中不被明显地消耗的化学物质。催化剂可加快化学反应速率，提高生产能力。对于复杂反应，催化剂可有选择地加快主反应的速率，抑制副反应，提高目的产物的收率，改善操作条件，降低对设备的要求，改进生产条件。催化剂还可用于开发新的反应过程，扩大原料的利用途径，简化生产工艺路线，消除污染，保护环境。加快反应速率的叫作正催化剂，减慢反应速率的称作负催化剂或缓化剂。通常所说的催化剂是指正催化剂。常用的催化剂主要有金属、金属氧化物和无机酸等。在接触作用中的催化剂有时又称接触剂。催化剂一般具有选择性，能改变某一个或某一类型反应的速率。对有些反应，可以使用不同的催化剂。

常见的选择催化剂有以下几种类型：

（1）生产过程中产生水汽的，一般采用具有碱性、中性或酸性的盐类或氧化物，如三氯化铝、三氯化铁、三氧化磷及氧化镁等；

（2）反应过程中产生硫化氢的，一般采用卤素、碳酸盐、氧化物等；

（3）反应过程中产生氯化氢的，一般采用吡啶、喹啉、金属、三氯化铝、三氯化铁等；

（4）反应过程中产生氢气的，应采用氧化剂，如空气、高锰酸钾、氧化物及过氧化物等。

催化反应有单相反应和多相反应两种。单相反应是在气态下或液态下进行的，危险性较小，反应过程中的温度、压力及其他条件较易调节。在多相反应中，催化作用发生于两相界面上，多数发生在固定催化剂的表面上，这时要控制温度、压力就不容易了。

2. 催化反应过程安全技术

（1）反应原料气的控制　在催化反应中，当原料气中某种能和催化剂发生反应的杂质含量增加时，可能会生成爆炸性危险物，这是非常危险的。例如，在乙烯催化氧化合成乙醛的反应中，由于在催化剂体系中含有大量的亚铜盐，若原料气中含乙炔过高，则乙炔与亚铜盐反应生成乙炔铜（Cu_2C_2），其自燃点为260～270℃，在干燥状态下极易爆炸，在空气作用下易氧化并易起火。

（2）反应操作的控制　在催化过程中，若催化剂选择不当或加入过量，易造成局部反应激烈。另外，由于催化大多需在一定温度下进行，若散热不良、温度控制不好等，很容易发生超温爆炸或着火事故。从安全角度来看，催化过程中应该注意正确选择催化剂，保证散热良好，不使催化剂过量，严格控制温度。如果催化反应过程能够连续进行，自动调节温度，就可以降低其危险性。

（3）催化产物的控制　在催化过程中，有的产生氯化氢，氯化氢有腐蚀和中毒危险；有的产生硫化氢，则中毒危险更大，且硫化氢在空气中的爆炸极限较宽（4.3%～45.5%），生产过程中还有爆炸危险；有的产生氢气，着火爆炸的危险更大，尤其在高压下，氢的腐蚀作用可使金属高压容器脆化，从而造成破坏性事故。

3. 催化重整和催化加氢安全技术

常见的催化反应有催化重整和催化加氢。汽油馏分的催化重整是一种石油化学加工过程，它是在催化剂的作用下，在一定温度、压力条件下，使汽油中烃分子重新排列成新的分子结构的过程，它不仅可以生产优质（高辛烷值）汽油，还可以生产芳烃。根据所用催化剂种类的不同，催化重整又可分为：铂重整、铂铼重整和多金属重整等。催化重整装置由原料预处理、催化重整反应、稳定和分馏等三大部分装置组成。催化加氢反应是应用较广的基本化学反应过程，可用于合成有机产品和精制过程。

（1）催化重整安全技术

催化重整反应须注意以下几个问题。

① 催化剂在装卸时，要防破碎和污染，未再生的含碳催化剂卸出时，要预防自燃超爆而烧坏。

② 催化重整反应器有催化剂引出管和热电偶管等附属部件。反应器和再生器都需要采用绝热措施。为了便于观察壁温，常在反应器外表面涂上变色漆，当温度超过了规定指标就会变色显示。

③ 在催化重整过程中，加氢的反应需要大量的反应热，加热炉必须保证燃烧正常，调节及时，安全供热。

④ 催化重整装置中，安全报警装置应用较普遍，对于重要工艺参数，如温度、流量、压力、液位等都要有报警装置。

⑤ 重整循环氢和重整进料量对于催化剂有很大的影响，特别是低氢量和低空速运转，容易造成催化剂结焦，应备有自动保护系统。这个保护系统，就是当参数发生变化超出正常范围，发生不利于装置运行的危险状况时，自动仪表可以

自行做出工艺处理，如停止进料或使加热炉灭火等，以保证安全。

（2）催化加氢安全技术　比较重要的催化加氢反应有以下几种类型。

① 不饱和键的加氢。

② 芳环化合物加氢，例如苯环加氢等。

③ 含氧化合物加氢，例如含有 $O=C$ 的化合物加氢制醇。

④ 含氮化合物加氢，例如含—CN、—NO_2 等化合物加氢得到相应的胺类。

⑤ 氢解，是在加氢反应过程中同时发生裂解，有小分子产物生成。

加氢用的氢气来源繁多，主要是由含氢物质转化而来。在有廉价电力资源的地方，水电解制氢是氢气的重要来源。石油炼厂铂重整装置和脱氢装置等副产氢气；烃类裂解生产乙烯装置也副产氢气；焦炉气中含氢 60% 左右时进行深冷分离也可以获得氢气。

用于加氢反应的催化剂种类较多，用不同的分类标准可以进行不同的分类。以催化剂的形态来区分常用的加氢催化剂有金属催化剂，骨架催化剂，金属氧化物、金属硫化物以及金属络合物催化剂等。

催化加氢是多相反应，一般（如氨、甲醇及液体燃料的合成）是在高压下进行的。这类过程的主要危险性在于原料及成品（氢、氨、一氧化碳等）都具有毒性和易燃、易爆等特性，高压反应设备及管道受到腐蚀及操作不当，也可能发生事故。

在催化加氢过程中，压缩工段极为重要。氢气在高压情况下，爆炸范围加宽，自燃点降低，从而增加了危险性。高压氢气一旦泄漏将会立即充满压缩机室而因静电火花引起爆炸。压缩机的各段，都应装有压力计和安全阀。

高压设备和管道的选材要考虑能够防止高温高压下氢的腐蚀问题。管道应采用质量优良的材料制成的无缝钢管。高压设备及管道应该按照有关规定进行检验。

为了避免吸入空气形成爆炸性混合物，应使供气总管保持压力稳定，同时也要防止突然超压，造成爆炸事故。若有氢气渗入室内，室内应用充足的蒸气进行稀释，以免达到爆炸浓度。

冷却机器和设备用的水不得含有腐蚀性物质。在开车或检修设备管线之前，必须用氮气吹扫。设备及管道中允许残留的氧气含量不超过 0.5%，为了防止中毒，吹扫气体应当排至室外。

由于停电或无水而停车的系统，应保持余压，以免空气进入系统中。任何情况下，处于压力下的设备不得进行检修。

在催化加氢过程中，为了迅速消除可能发生的火灾事故，应备有二氧化碳灭火设备。任何气体在高压下泄漏时，人员都不能接近。

六、聚合反应安全技术

1. 聚合反应及其分类

将若干个分子结合为一个较大的、组成成分相同而分子量较大的分子的过程称为聚合反应。因此，聚合物就是由一种单体经聚合反应而成的产物。例如，三聚甲醛是甲醛的聚合物，聚氯乙烯是氯乙烯的聚合物等。因为聚合过程中易发生剧烈反应，而聚合物单体大多数是易燃易爆物质，聚合反应又是放热反应，加上有些聚合反应是在高压条件下进行，所以更加剧了反应过程的危险性，若反应条件控制不好，极易发生事故。聚合反应的类型很多，按聚合物和单体元素组成和结构的不同，可分成加聚反应和缩聚反应两大类。

单体加成而聚合起来的反应称为加聚反应。氯乙烯聚合成聚氯乙烯就是加聚反应。加聚反应产物的元素组成与原料单体相同，仅结构不同，其分子量是单体分子量的整数倍。

另外一类聚合反应中，除了生成聚合物外，同时还有小分子副产物产生，这类聚合反应称为缩聚反应，如己二胺和己二酸反应生成尼龙-66。缩聚反应的单体分子中都有官能团，根据单体官能团的不同，小分子副产物可能是水、醇、氨、氯化氢等。由于副产物的产生，缩聚物结构单元要比单体少若干原子，缩聚物的分子量不是单体分子量的整数倍。

按照聚合方式聚合反应又可分为以下 5 种。

（1）本体聚合。本体聚合是在没有其他介质的情况下（如乙烯的高压聚合、甲醛的聚合等），用浸在冷却剂中的管式聚合釜（或在聚合釜中设盘管、列管冷却）进行聚合的一种聚合方法。这种聚合方法往往由于聚合热不易传导散出而导致危险。例如在高压聚乙烯生产中，每聚合 1kg 乙烯会放出 3.8MJ 的热量，倘若这些热量未能及时移去，则每聚合 1% 的乙烯，即可使釜内温度升高 12～13℃，待升高到一定温度时，就会使乙烯分解，强烈放热，有发生爆聚的危险。一旦发生爆聚，则设备堵塞，压力骤增，极易发生爆炸。

（2）溶液聚合。溶液聚合是选择一种溶剂，使单体溶成均相体系，加入催化剂或引发剂后，生成聚合物的一种聚合方法。这种聚合方法在聚合和分离过程中，易燃溶剂容易挥发和产生静电火花。

（3）悬浮聚合。悬浮聚合是用水作分散介质的聚合方法。它是利用有机分散剂或无机分散剂，把不溶于水的液态单体，连同溶在单体中的引发剂经过强烈搅拌，打碎成小珠状，分散在水中成为悬浮液，在极细的单位小珠液滴（直径为 $0.1\mu m$）中进行聚合，因此又叫珠状聚合。这种聚合方法在整个聚合过程中，如果没有严格控制工艺条件，致使设备运转不正常，则易出现溢料，如若溢料，则水分蒸发后未聚合的单体和引发剂遇火源极易着火或引发爆炸事故。

（4）乳液聚合。乳液聚合是在机械强烈搅拌或超声波振动下，利用乳化剂使液态单体分散在水中（珠滴直径 $0.001\sim0.01\mu m$），引发剂则溶在水里而进行聚合的一种方法。这种聚合方法常用无机过氧化物（如过氧化氢）作引发剂，如若过氧化物在介质（水）中配比不当，温度太高，反应速率过快，会发生冲料，同时在聚合过程中还会产生可燃气体。

（5）缩合聚合。缩合聚合也称缩聚反应，是具有两个或两个以上功能团的单体相互缩合而形成聚合物，并产生小分子副产物的聚合反应。缩合聚合是吸热反应，但如果温度过高，也会导致系统的压力增加，甚至引起爆裂，泄漏出易燃易爆的单体。

2. 聚合反应过程安全技术

由于聚合物的单体大多数都是易燃、易爆物质，聚合反应多在高压下进行，反应本身又是放热过程，如果反应条件控制不当，很容易引发事故。聚合反应过程中安全技术的要点如下。

（1）严格控制单体在压缩过程中或在高压系统中的泄漏，尤其链增长阶段是剧烈放热反应，如控制不当，就会发生火灾爆炸。

（2）聚合反应中加入的引发剂都是化学活泼性很强的过氧化物且接触的都是有毒有害的物质（氯乙烯、氯气、二氯乙烷等），应严格控制配料比例，防止因热量爆聚引起的反应器压力骤增，一旦泄漏或操作失控，将会发生火灾爆炸和人员中毒事故。

（3）防止因聚合反应热未能及时导出，如搅拌发生故障，停电、停水，由于反应釜内聚合物粘壁作用，使反应热不能导出，造成局部过热或反应釜飞温，发生爆炸。聚合物粘壁和间歇操作是造成聚合岗位毒物危害的最重要因素。

（4）针对上述不安全因素，应设置可燃气体检测报警器，一旦发现设备、管道有可燃气体泄漏，将自动停车。

（5）对催化剂、引发剂等要加强储存、运输、调配、注入等工序的严格管理。反应釜的搅拌和温度应有检测和联锁装置，发现异常能自动停止进料。高压分离系统应设置爆破片、导爆管，并有良好的静电接地系统，一旦出现异常，及时泄压。

3. 高压下乙烯聚合安全技术

乙烯聚合采用轻柴油裂解制取高纯度乙烯装置，产品从氢气、甲烷、乙烯到裂解汽油、渣油等，都是可燃性气体或液体，炉区的最高温度达1000℃，而分离冷冻系统温度低至-169℃。反应过程以有机过氧化物作为催化剂。乙烯属高压液化气体，爆炸范围较宽，操作又是在高温、超高压下进行，而超高压节流减压又会引起温度升高。高压聚乙烯的聚合反应一般在130～300MPa、150～300℃下进行。反应过程中流体的流速很快，停留于聚合装置中的时间仅为10s至数分钟，在该温度和高压下，乙烯是不稳定的，能分解成碳、甲烷、氢气等。一旦发生裂解，所产生的热量可以使裂解过程进一步加速直到爆炸。例如，聚合反应器温度异常升高，分离器超压而发生火灾、压缩机爆炸、反应器管路中安全阀喷火而后发生爆炸等事故。因此，严格控制反应条件是十分重要的。

由于乙烯的聚合反应热较大，较大型聚合反应器夹套冷却或器内蛇管（器内加蛇管很容易引起聚合物黏附）冷却的方法是不够的。清除反应热较好的方法是采用单体或溶剂汽化回流，利用它们的蒸发潜热把反应热量带出。蒸发了的气体再经冷凝器或压缩机进行冷却冷凝后返回聚合釜再用。

高压聚乙烯的聚合反应在开始阶段或聚合反应阶段都会发生爆聚反应，应添加反应抑制剂或在设备上安装安全阀（放到闪蒸槽中）。在紧急停车时，聚合物可能固化，停车再开车时，要检查管内是否堵塞。高压部分应有两重、三重防护措施，要求远距离操作。由压缩机出来的油严禁混入反应系统，因为油中含有空气，进入聚合系统会形成爆炸性混合物。

4. 氯乙烯聚合安全技术

氯乙烯聚合属于连锁聚合反应，连锁反应的过程可分为三个阶段，即链的引发、链的增长和链的终止。氯乙烯聚合所用的原料除氯乙烯单体外，还有分散剂和引发剂。

聚合反应中链的引发阶段是吸热过程，所以需加热。在链的增长阶段又放热，需要将釜内的热量及时移走，将反应温度控制在规定值。这两个过程分别向夹套通入加热蒸汽和冷却水。聚合釜为一长形圆柱体，壁侧有加热蒸汽和冷却水的进出管。大型聚合釜配置双层三叶搅拌器和半管夹套，采取有效措施除去反应热，搅拌器有顶伸式和底伸式。为了防止气体泄漏，搅拌轴穿出釜外部分一般采用具有水封的填料函或机械密封。

氯乙烯聚合时聚合物粘壁过去采用人工定期清理的办法来解决，劳动强度大，浪费时间，釜壁易受损。目前国内外悬浮聚合采用加水相阻聚剂或单体水相溶解抑制方法减少聚合物的粘壁作用。采用高效涂釜剂和自动清釜装置，减少清釜的次数。

由于聚氯乙烯聚合是采用分批间歇式进行的，反应时主要调节聚合温度，因此聚合釜的温度自动控制十分重要。在反应釜的侧面设置加热蒸汽管和冷却水管，可以根据反应釜内的温度分别向夹套内通入加热蒸汽或冷却水，温度控制采用串级调节系统。为了移走反应热，还应设置可靠的搅拌系统。按照釜内温度情况自动调节冷水和蒸汽流量，以控制聚合温度，并根据冷却水温度的变化和因结垢影响的传热系数的变化，以及由此引起的反应加速情况做相应的自动调节控制，确保聚合反应在受控状态下进行。

5. 丁二烯聚合安全技术

丁二烯聚合的过程需要使用酒精、丁二烯、金属钠等危险物质。酒精和丁二烯与空气混合能形成有爆炸危险的混合物。金属钠遇水、空气剧烈燃烧并会爆炸，因此不能暴露于空气中，应储存于煤油中。

为了控制剧烈反应，应有适当的冷却系统，并需严格地控制反应温度。冷却系统应保证密闭良好，特别在使用金属钠的聚合反应中，最好采用不与金属钠反应的十氢化萘或四氢化萘作为冷却剂。如用冷水作冷却剂，应在微负压下输送，这样可减少水进入聚合釜的机会，避免可能发生的爆炸危险。

丁二烯聚合釜上应装爆破片和安全阀。在连接管上先装爆破片，在其后再连接一个安全阀。这样既可以防止安全阀堵塞，又能防止爆破片爆破时大量可燃气逸出而引起二次爆炸。爆破片必须用铜或铝制作，不宜用铸铁，避免在爆破时铸铁产生火花引起二次爆炸事故。

聚合生产应配有氮气保护系统，所用氮气需经过精制，用铜屑除氧，用硅胶或三氯化铝干燥，纯度保持在 99.5％ 以上。生产开停车或间断操作过程都应该用氮气置换整个系统。如果生产过程中发生故障、温度升高或局部过热时，则将气体抽出，立即向设备充入氮气加以保护。

丁二烯聚合釜应符合压力容器的安全要求。聚合物卸出、催化剂更换，都应采用机械化操作，以利于安全生产。在每次加新料之前必须清理设备的内壁，管道内积存热聚物是很危险的。当管内气流的阻力增大时，应将气体抽出，并用惰性气体吹洗。设置可靠的密封装置，一般采用具有水封的填料函密封和机械密封装置。对于聚合釜的维修，在施工前应对检修装置进行彻底置换，经分析检测合格后，方可进行施工作业。

七、裂解反应安全技术

有机化合物在高温下分子发生分解的反应过程统称为裂解。裂解原料一般是石油产品和其他烃类。石油产品的裂解主要是以重质油为原料，在加热、加压或催化的条件下，使分子量较大的烃类断裂成分子量较小的烃类，再经分馏得到气体、汽油、柴油等。裂解可分为热裂解、催化裂解和加氢裂解三种类型。

1. 热裂解

热裂解在高温高压下进行，装置内的油品温度一般超过其自燃点，若漏出会立即起火；热裂解过程中会产生大量的裂解气，且有大量气体分馏设备，若漏出气体，会形成爆炸性气体混合物，遇加热炉等明火，有发生爆炸的危险。在炼油厂各装置中，热裂解装置发生火灾的次数是较多的。热裂解过程需注意以下几点。

（1）及时清焦清炭　石油烃在高温下容易生成焦和炭，黏附或沉积在裂解炉管内，使裂解炉热效率下降，受热不均匀，出现局部过热，可造成炉管烧穿，大量原料烃泄漏，在炉内燃烧，最终可能引起爆炸。另外，焦炭沉积可能造成炉管堵塞，严重影响生产，并可能导致原料泄漏，引起火灾爆炸。

（2）裂解炉防爆　为防止裂解炉在异常情况下发生爆炸，裂解炉炉体上应安装防爆门，并备有蒸汽管线和灭火管线，应设置紧急放空装置。

（3）严密注意泄漏情况　由于裂解反应的原料烃和产物易燃易爆，裂解过程本身是高温过程，一旦发生泄漏，后果会很严重，因此操作中必须严密注意设备和管线的密闭性。

（4）保证急冷水供应　裂解后的高温产物，出炉后要立即直接喷水冷却，降低温度防止副反应继续进行。如果出现停水或水压不足，不能达到冷却目的，高温产物可能会烧坏急冷却设备而泄漏，引起火灾。万一发生停水，要采取紧急放空措施。

2. 催化裂解

催化裂解主要用于重质油生产轻质油的石油炼制过程，是在固体催化剂参与下的反应过程。催化裂解过程由反应再生系统、分馏系统、吸收稳定系统三部分组成。

（1）反应再生系统　反应再生系统由反应器和再生器组成。操作时最主要的是要保持两器之间的压差稳定，不能超过规定的范围，要保证两器之间催化剂有序流动，避免倒流。否则会造成油气与空气混合发生爆炸。当压差出现较大的变化时应迅速启动自动保护系统，关闭两器之间的阀门。同时应保持两器内的流化状态，防止死床。

（2）分馏系统　反应正常进行时，分馏系统应保持分馏塔底部洗涤油循环，及时除去油气带入的催化剂颗粒，避免造成塔板堵塞。

（3）吸收稳定系统　必须保证降温用水供应。一旦停水，系统压力升高到一定程度，应启动放空系统，维持整个系统压力平衡，防止设备爆炸引发火灾爆炸。

催化裂解一般在较高温度（$460 \sim 520$℃）和 $0.1 \sim 0.2$MPa 压力下进行，火灾危险性较大。若操作不当，再生器内的空气和火焰进入反应器中会引起恶性爆炸。U 形管上的小设备和小阀门较多，易漏油着火。在催化裂解过程中还会产生易燃的裂解气，以及在烧焦活化催化剂不正常时，还可能出现可燃的一氧化碳气体。

3. 加氢裂解

氢气在高温高压（温度>221℃，分压>1.43MPa）情况下，会使金属发生氢脆和氢腐蚀，使碳钢硬度增大而强度降低，如果设备、管道检查或更换不及时，就会在高压（$10 \sim 15$MPa）下发生设备爆炸。另外，加氢是强烈的放热反应，反应器必须通冷氢以控制温度。因此，要加强对设备的检查，定期更换管道、设备，防止氢脆造成事故。加热炉要平稳操作，防止设备局部过热，防止加热炉的炉管烧穿。

石油化工中的裂解与石油炼制工业中的裂化有共同点，但是也有不同，主要区别：一是所用的温度不同，一般大体以600℃为分界，在600℃以上所进行的过程为裂解，在600℃以下的过程为裂化；二是生产的目的产物不同，前者的目的产物为乙烯、丙烯、乙炔，联产丁二烯、苯、甲苯、二甲苯等化工产品，后者的目的产物是汽油、煤油等燃料油。

在石油化工中用得最为广泛的是水蒸气热裂解，其设备为管式裂解炉。裂解反应在裂解炉的炉管内并在很高的温度（以轻柴油裂解制乙烯为例，裂解气的出口温度近800℃）、很短的时间内（0.7s）完成，以防止裂解气体二次反应而使裂解炉管结焦。炉管内壁结焦会使流体阻力增加，影响生产，同时影响传热。当焦层达到一定厚度时，因炉管壁温度过高，而不能继续运行下去，必须进行清焦，否则会烧穿炉管，裂解气外泄，引起裂解炉爆炸。

裂解炉运转中，一些外界因素可能危及裂解炉的安全。其安全技术要点如下。

（1）在高温（高压）下进行反应，装置内物料温度一般超过其自燃点，若漏出，会立即引起火灾甚至爆炸。

（2）引风机故障的预防。引风机是不断排除炉内烟气的装置。在裂解炉正常运行中，如果由于断电或引风机机械故障而使引风机突然停转，则炉膛内很快变成正压，会从窥视孔或烧嘴等处向外喷火，严重时会引起炉膛爆炸。为此，必须设置联锁装置，一旦引风机故障停车，则裂解炉自动停止进料并切断燃料供应。但应继续供应稀释蒸汽，以带走炉膛内的余热。

（3）燃料气压力降低的控制。裂解炉正常运行中，如燃料系统大幅度波动，燃料气压力过低，则可能造成裂解炉烧嘴回火，使烧嘴烧坏，甚至会引起爆炸。

裂解炉采用燃料油作燃料时，如燃料油的压力降低，也会使油嘴回火。因此，当燃料油压降低时应自动切断燃料油的供应，同时停止进料。

当裂解炉同时用油和气为燃料时，如果油压降低，则在切断燃料油的同时，将燃料气切入烧嘴，裂解炉可继续维持运转。

（4）其他公用工程故障的防范。裂解炉其他公用工程（如锅炉给水）中断，则废热锅炉汽包液面迅速下降，如不及时停炉，必然会使废热锅炉炉管、裂解炉对流段锅炉给水预热管损坏。此外，水、电、蒸汽线路出现故障，均能使裂解炉发生事故。在此情况下，裂解炉应能自动停车。有的裂解工艺产生的单体会自聚或爆炸，需要向生产的单体中加阻聚剂或稀释剂等。

八、电解反应安全技术

电流通过电解质溶液或熔融电解质时，在两个极上所引起的化学变化称为电解。电解过程中能量变化的特征是电能转变为电解产物蕴藏的化学能。电解反应在工业上有着广泛的作用，许多有色金属（钠、钾、镁、铅等）和稀有金属（锆、铪等）冶炼，金属铜、锌、铝等的精炼，许多基本化学工业产品（氢气、氧气、氯气、烧碱、氯酸钾、过氧化氢等）的制备，以及电镀、电抛光、阳极氧化等，都是通过电解来实现的。食盐溶液电解是化学工业中最典型的电解反应例子之一，食盐溶液电解可以制得苛性钠、氯气、氢气等产品。

1. 应保证盐水质量

盐水中如含有铁杂质，能够产生第二阴极而放出氢气；盐水中铵盐和氯作用可生成氯化铵，氯作用于浓氯化铵溶液可生成黄色油状爆炸性物质——三氯化氮。三氯化氮与许多有机物接触或被加热至 90℃ 以上以及被撞击，即发生剧烈的分解爆炸。因此盐水配制必须严格控制质量，尤其是铁、钙、镁和无机铵盐的含量。应尽可能采用盐水纯度自动分析装置，随时调节碳酸钠、苛性钠、氯化钡或丙烯酰胺的用量。

2. 盐水添加高度应适当

在操作中向电解槽的阳极室内添加盐水，如盐水液面过低，氢气有可能通过阴极网渗入阳极室内与氯气混合；若电解槽盐水装得过满，会造成压力上升。因此，盐水添加不可过少或过多，应保持一定的安全高度。采用盐水供料器应间断供给盐水，以避免电流的损失，防止盐水导管被电流腐蚀（目前多采用胶管）。

3. 防止氢气与氯气混合

氢气是极易燃烧的气体，氯气是氧化性很强的有毒气体，一旦两种气体混合极易发生爆炸。

造成混合的主要原因如下：阳极室内盐水液面过低；电解槽氢气出口堵塞，引起阴极室压力升高；电解槽的隔膜吸附质量差；石棉绒质量不好；在安装电解槽时碰坏隔膜；阴极室的压力等于或超过阳极室的压力等。

应定期对电解槽进行全面检查，将单槽氯含氢浓度控制在 2% 以下，总管氯含氢浓度控制在 0.4% 以下。

4. 严格电解设备的安装要求

由于在电解过程中有氢气的存在，所以电解槽应安装在自然通风良好的单层建筑物内，生产车间应有足够的防爆泄压面积。

5. 掌握正确的应急处理方法

突然停电或突然停车时，高压阀应能立即关闭，以免电解槽中氯气倒流而发生爆炸。

在电解槽后安装放空管及时减压，在高压阀门上安装单向阀，以有效地防止跑氯，避免污染环境和带来火灾危险。

九、其他反应安全技术

1. 磺化的安全技术要点

（1）三氧化硫是氧化剂，遇到硝基苯等易燃物质时会很快引起着火；三氧化硫的腐蚀性很弱，但遇水则生成硫酸，同时会放出大量的热，使反应温度升高，不仅会造成沸溢或使磺化反应变为燃烧反应而起火或爆炸，还会因硫酸具有很强的腐蚀性，加重了对设备的腐蚀破坏。

（2）由于生产所用原料苯、硝基苯、氯苯等都是可燃物，而磺化剂浓硫酸、发烟硫酸、氯磺酸都是强氧化剂，具备了可燃物与氧化剂作用发生放热反应的燃烧条件。这种磺化反应若投料顺序颠倒、投料速度过快、搅拌不良、冷却效果不佳等，都有可能造成反应温度升高，使磺化反应变为燃烧反应，引起着火或爆炸事故。

（3）磺化反应是放热反应，若在反应过程中得不到有效的冷却和良好的搅拌，都有可能引起反应温度超高，以致发生燃烧反应，造成爆炸或起火事故。

2. 烷基化的安全技术要点

（1）被烷基化的物质大都具有着火爆炸危险。如苯是甲类液体，闪点 −11℃，爆炸极限 1.5%～8%；苯胺是丙类液体，闪点 79℃，爆炸极限 1.3%～11%。

（2）烷基化剂一般比被烷基化物质的火灾危险性要大。

（3）烷基化过程所用的催化剂反应活性强。

（4）烷基化反应都是在加热条件下进行，如果原料、催化剂、烷基化剂等加料次序颠倒、速度过快或者搅拌中断停止，就会发生剧烈反应，引起跑料，造成着火或爆炸事故。

（5）烷基化的产品亦有一定的火灾危险。

3. 重氮化的安全技术要点

（1）重氮化反应的主要火灾危险性在于所产生的重氮盐，特别是含有硝基的重氮盐，它在温度稍高时或在光的作用下，极易分解。在干燥状态下有些重氮盐受热或摩擦、撞击能分解引起爆炸。含重氮盐的溶液若洒落在地上、蒸汽管道上，干燥后亦能引起着火或爆炸。在酸性介质中，有些金属如铁、铜、锌等能促使重氮化合物激烈地分解，甚至引起爆炸。

（2）作为重氮剂的芳胺化合物都是可燃有机物质，在一定条件下也有着火和爆炸的危险。

（3）重氮化生产过程所使用的亚硝酸钠是无机氧化剂，能与有机物反应发生着火或爆炸。在重氮盐的生产过程中，操作不当时有引起着火爆炸的危险。

当亚硝酸钠遇到比其氧化性强的氧化剂时，具有还原性，有发生着火爆炸的可能。

第三章
化工单元操作安全生产

化工单元操作是化工生产中的重要环节之一，其操作过程中的安全性也是要注意的重点内容。本章是对化工单元操作安全技术、单元设备安全技术运用的论述分析。

第一节 化工单元操作

化工单元操作是在化工生产中具有共同的物理变化特点的基本操作，是由各种化工生产操作概括得来的。基本化工单元操作有：流体流动过程，包括流体输送、过滤、固体流态化等；传热过程，包括热传导、蒸发、冷凝等；传质过程，即物质的传递，包括气体吸收、蒸馏、萃取、吸附、干燥等；热力过程，即温度和压力变化的过程，包括液化、冷冻等；机械过程，包括固体输送、粉碎、筛分等。任何化学产品的生产都离不开化工单元操作，化工单元操作涉及泵、换热器、反应器、压缩机、蒸发器、存储容器和输送管道等一系列设备，它在化工生产中的应用非常普遍。

化工单元操作既是能量集聚、传输的过程，也是危险源相互作用的过程，控制化工单元操作的危险性是化工安全工程的重点。

关于危险性的内容，主要是由所处理物料的危险性所决定的。其中，处理易燃物料或含有不稳定物质物料的单元操作的危险性最大。在进行危险单元操作过程中，除了要根据物料理化性质，采取必要的安全对策外，还要特别注意防止以下情况的发生。

（1）处理易燃气体物料时要防止与空气或其他氧化剂形成爆炸性混合体系。特别是负压状态下的操作，要防止空气进入系统而形成系统内爆炸性混合体系。同时也要注意在正压状态下操作时易燃气体物料泄漏，与环境空气混合，形成系统外爆炸性混合体系。

（2）在处理易燃固体或可燃固体物料时，要防止形成爆炸性粉尘混合体系。

（3）处理含有不稳定物质的物料时，要防止不稳定物质的积聚或浓缩。在蒸馏、过滤、蒸发、过筛、萃取、结晶、再循环、旋转、回流、凝结、搅拌、升温等单元操作过程中，有可能使不稳定物质发生积聚或浓缩，进而产生危险。具体情况如下。

① 不稳定物质减压蒸馏时，若温度超过某一极限值，有可能发生分解爆炸。

② 粉末过筛时容易产生静电，而干燥的不稳定物质过筛时，微细粉末飞扬，可能在某些位置积聚而发生危险。

③ 反应物料循环使用时，可能造成不稳定物质的积聚而使危险性增大。

④ 反应液静置中，以不稳定物质为主的相，可能分离而形成分层积聚。不分层时，所含不稳定的物质也有可能在局部地点相对集中。在搅拌含有有机过氧化物等不稳定物质的反应混合物时，如果搅拌停止而处于静置状态，那么，所含不稳定物质的溶液就附在壁上，若溶剂蒸发，不稳定物质被浓缩，往往会成为自燃的火源。

⑤ 在大型设备里进行反应，如果含有回流操作时，危险物在回流操作中有可能被浓缩。

⑥ 在不稳定物质的合成反应中，搅拌是一个重要因素。在间歇式反应操作过程中，化学反应速率很快。大多数情况下，加料速度与设备的冷却能力是相适应的，这时反应是扩散控制，应使加入的物料马上反应掉，如果搅拌能力差，反应速率慢，加进的原料过剩，未反应的部分积蓄在反应系统中，若再强力搅拌，所积存的物料会一起反应，使体系的温度上升，往往造成反应无法控制。一般的原则是搅拌停止的时候应停止加料。

⑦ 在对含不稳定物质的物料升温时，控制不当有可能引起突发性反应或热爆炸。如果在低温下将两种能发生放热反应的液体混合，然后再升温而引起反应，这将是特别危险的。在生产过程中，一般将一种液体保持在能起反应的温度下，边搅拌边加入另一种物料以进行反应。

第二节　典型化工单元操作安全技术

一、加热操作安全技术

温度是化工生产中最常见的需控制的条件之一。加热是控制温度，促进化学反应和物料蒸发、蒸馏的必要手段，其操作的关键是按规定严格控制温度的范围和升温速度。温度过高会使化学反应速率加快，若是放热反应，则放热量增加，一旦散热不及时，温度失控，就会发生冲料，甚至引起燃烧和爆炸。加热的方法一般有直接火加热、水蒸气或热水加热、载体加热以及电加热等。

1. 加热剂与加热方法

（1）直接火加热是采用直接火焰或烟道气进行加热的方法，其加热温度可达到 1030℃。主要以天然气、煤气、燃料油、煤炭等作燃料，采用的设备有反应器、管式加热炉等。在加热处理易燃易爆物质时，危险性非常大，温度不易控制，可能造成局部过热烧坏设备。由于加热不均匀易引起易燃液体蒸气的燃烧爆炸，所以在处理易燃易爆物质时，一般不采用此方法，但由于生产工艺的需要亦可能采用，操作时必须注意安全。

（2）蒸汽、热水加热。蒸汽是最常用的加热剂，常用饱和水蒸气。蒸汽加热的方法有两种：直接蒸汽加热和间接蒸汽加热。直接蒸汽加热是水蒸气直接进入被加热的介质中并与其混合来提升温度，适用于被加热介质和水能混合的场合。间接蒸汽加热是通过换热器的间壁传递热量。加热过程中要防止超温、超压、水蒸气爆炸、烫伤等危险。热水加热一般用于 100℃ 以下的场合，主要来源于制造热水、锅炉热水、蒸发器或换热器的冷凝水。禁止热水外漏，对于 50℃ 以上的热水要考虑采取防烫伤措施。对于易燃易爆物质，采用蒸汽或热水来加热，温度容易控制，比较安全。在处理与水会发生反应的物料时，不宜用蒸汽或热水。

（3）高温有机物加热。控制被加热物料在 400℃ 以下的范围内，使用的加热剂为液态或气态高温有机物。常用的有机物加热剂有甘油、乙二醇、萘、联苯与二苯醚的混合物、二甲苯基甲烷、矿物油和有机硅液体等。

高温有机物由于具有燃烧爆炸危险、高温结焦和积炭危险，在运行过程中应密闭并严格控制温度。另外二苯混合物的渗透性较高，应选择非浸油性密封件，禁止外漏。

（4）无机熔盐加热。当需要加热到 550℃ 时，可用无机熔盐作为加热剂。熔盐加热装置应具有高度的气密性，并用惰性气体保护。

（5）电加热。电加热即采用电炉或电感进行加热，是比较安全的一种加热方式。一旦发生事故，可迅速切断电源。

2. 加热过程的安全技术

（1）吸热反应、高温反应需要加热，加热反应必须严格控制温度。一般情况下，随着温度升高，反应速率加快，有时会导致剧烈反应，容易发生冲料，易燃品大量汽化，聚集在车间内与空气形成爆炸性混合物，可能会引起燃烧、爆炸等危险。所以，应明确规定和严格控制升温上限和升温速度。

（2）如果反应是放热反应且反应液沸点低于40℃，或者是反应剧烈、温度容易猛升并有冲料危险的化学反应，反应设备应该有冷却装置和紧急放料装置。紧急放料装置需设爆破泄压片，而且周围要禁止火源。

（3）加热温度如果接近或超过物料的自燃点，应采用氮气保护。

（4）采用硝酸盐、亚硝酸盐等无机盐作加热载体时，要预防与有机可燃物接触，因为无机盐的混合物具有强氧化性，与有机物接触后会发生强烈的氧化还原反应，从而引起燃烧或爆炸。

（5）与水会发生反应的物料，不宜采用水蒸气或热水加热。采用水蒸气或热水加热时，应定期检查蒸汽夹套和管道的耐压强度，并应安装压力表和安全阀。

（6）采用充油夹套加热时，需用砖墙将加热炉门与反应设备隔绝，或将加热炉设于车间外面。油循环系统应严格密闭，防止热油泄漏。

（7）电加热器安全措施。加热易燃物质以及受热能挥发可燃性气体或蒸气的物质，应采用密闭式电加热器。电加热器不能安装在易燃物质附近。导线的负荷能力应满足加热器的要求。为了提高电加热设备的安全可靠性，可采取采用防潮、防腐蚀、耐高温的绝缘层，增加绝缘层的厚度，添加绝缘保护层等措施。电感应线圈应密封起来，防止与可燃物接触。电加热器的电炉丝与被加热设备的器壁之间应有良好的绝缘，以防短路引起电火花，将器壁击穿，使设备内的易燃物质或漏出的气体和蒸汽发生燃烧或爆炸。

二、冷却、冷凝与冷冻操作安全技术

1. 冷却与冷凝操作安全技术

冷却与冷凝过程广泛应用于化工生产中反应产物的后处理和分离过程。二者主要区别在于被冷却的物料是否发生相的改变。若发生相变（如气相变为液相）则称为冷凝，无相变只是温度降低则称为冷却。

（1）冷却与冷凝方法　根据冷却与冷凝所用的设备，可分为直接冷却与间接冷却两类。

① 直接冷却法。可直接向所需冷却的物料加入冷水或冰，也可将物料置入敞口槽中或喷洒于空气中，使之自然汽化而达到冷却的目的（这种冷却方法也称为自然冷却）。该方法最简便有效迅速，但只能在不至于引起化学变化或不影响

物料品质时使用。在直接冷却中常用的冷却剂为水。直接冷却法的缺点是物料被稀释。

② 间接冷却法。间接冷却是将物料放在容器中，通过器壁向周围介质自然散热，通常是在具有间壁式的换热器中进行的。壁的一边为低温载体，如冷水、盐水、冷冻混合物以及固体二氧化碳等；而壁的另一边为所需冷却的物料。一般，冷却水所达到的冷却效果不能低于0℃。20%浓度的盐水，其冷却效果可达 $-15\sim0$℃；冷冻混合物（以压碎的冰或雪与盐类混合制成），依其成分不同，冷却效果可达 $-45\sim0$℃。间接冷却法在生产中使用较为广泛。

（2）冷却与冷凝设备　冷却、冷凝所使用的设备统称为冷却冷凝器。冷却冷凝器就其实质而言均属换热器，依其传热面形状和结构可分为：

① 管式冷却冷凝器。常用的有蛇管式、套管式和列管式等。

② 板式冷却冷凝器。常用的有夹套式、螺旋式、平板式、翼片式等。

③ 混合式冷却冷凝器。包括填充塔、喷淋式冷却塔、泡沫冷却塔、文丘里冷却器、瀑布式混合冷凝器。混合式冷凝器又可分为干式、湿式、并流式、逆流式、高位式、低位式等。

（3）冷却、冷凝的安全技术　冷却、冷凝的操作在化工生产中容易被忽视。实际上它很重要，它不仅涉及到原材料定额消耗和产品收率，而且会严重地影响安全生产。冷凝、冷却操作需注意以下几方面。

① 根据被冷却物料的温度、压力、理化性质以及所要求冷却的工艺条件，正确选用冷却设备和冷却剂。

② 对于腐蚀性物料的冷却，最好选用耐腐蚀材料的冷却设备，如石墨冷却器、塑料冷却器，以及用高硅铁管、陶瓷管制成的套管冷却器和钛材冷却器等。

③ 严格注意冷却设备的密闭性，不允许物料窜入冷却剂中，也不允许冷却剂窜入被冷却的物料中（特别是酸性气体）。

④ 一方面，冷却设备所用的冷却水不能中断，否则，反应热不能及时导出，致使反应异常，系统压力增高，甚至产生爆炸。另一方面，冷却冷凝器若断水，会使后部系统温度增高，未冷凝的危险气体外逸排空，并有可能导致燃烧或爆炸。

⑤ 开车前首先清除冷却冷凝器中的积液，再打开冷却水，然后通入高温物料。

⑥ 为保证不凝可燃气体排空安全，可进行充氮保护。

⑦ 检修冷却冷凝器，应彻底清洗、置换，切勿带料焊接。

2. 冷冻操作安全技术

在某些化工生产过程中，某些组分的低温分离，以及某些物品的输送、储藏等，常需将物料降到比水或周围空气更低的温度，这种操作称为冷冻或制冷。

冷冻操作其实质是不断地从低温物质取出热量并传给高温物质（水或空气），以使被冷冻的物料温度降低。热量由低温物质到高温物质这一传递过程是借助于冷冻剂实现的。适当选择冷冻剂及其操作过程，可以获得由接近于热力学零度至零摄氏度的任何程度的冷冻。

（1）冷冻方法　生产中常用的冷冻方法有以下几种。

① 低沸点液体的蒸发。如液氨在 0.2MPa 压力下蒸发，可以获得 $-15℃$ 的低温，若在 0.04119MPa 压力下蒸发，则可达 $-50℃$。液态乙烷在 0.05354MPa 压力下蒸发可达 $-100℃$，液态氮蒸发可达 $-210℃$ 等。

② 冷冻剂于膨胀机中膨胀，气体对外做功，使内能减少而获取低温。该法主要用于那些难液化气体（空气、氢气等）的液化过程。

③ 利用气体或蒸汽在节流时所产生的温度降而获取低温的方法。

（2）冷冻剂　冷冻剂的种类较多。冷冻剂与冷冻机的大小、结构和材质有着密切关系。冷冻剂的选择一般考虑如下因素。

① 冷冻剂的汽化潜热应尽可能大，以便在固定冷冻能力下，尽量减少冷冻剂的循环量。

② 冷冻剂在蒸发温度下的比体积以及与该比体积相应的压强均不宜太大，以降低动能的消耗。同时，在冷凝器中与冷凝温度相应的压强亦不应太大，否则将增加设备费用。

③ 冷冻剂需具有一定的化学稳定性，同时应尽可能减小对循环所经过的设备的腐蚀破坏作用。此外，还应选择无毒（或无刺激性）或低毒的冷冻剂，以免因泄漏而使操作者受害。

④ 冷冻剂最好不燃或不爆。

⑤ 冷冻剂应价廉，易于购得。

目前广泛使用的冷冻剂是氨。在石油化学工业中，常用石油裂解产品乙烯、丙烯作冷冻剂。丙烯的制冷程度与氨接近，但蒸发潜热小，危险性较氨大。乙烯的沸点为 $-103.7℃$，在常压下蒸发即可得到 $-100～-70℃$ 的低温。乙烯的临界温度为 $9.5℃$。

氨在大气压下沸点为 $-33.4℃$，冷凝压力不高。它的汽化潜热和单位重要冷冻能力均远超过其他冷冻剂，所需氨的循环量少。它的操作压力同其他冷冻剂相比也不高。即使冷却水温较高时，在冷凝器中压力也不会超过 1.6MPa。而当蒸发器温度低至 $-34℃$ 时，其压力也不会低于 0.1MPa。因此，空气不会漏入而影响冷冻机正常操作。

氨几乎不溶于油，但易溶于水，1 体积的水可溶解 700 体积的氨。所以在氨系统内无冰塞现象。

氨与铁、铜不起反应，但若氨中含水时，则对铜及铜的合金具有强烈的腐蚀作用。因此，在氨压缩机中不能使用铜及其合金的零件。

氨有强烈的刺激性臭味，若空气中超过 $30mg/m^3$，长期作业会对人体产生危害。氨属易燃、易爆物质，其爆炸下限为 15.5%。氨于 130℃ 开始明显分解，至 890℃ 时全部分解。

（3）冷载体　冷冻机中产生的冷效应，通常不用冷冻剂直接作用于被冷物体，而是以一种盐类的水溶液作冷载体传给被冷物。此冷载体往返于冷冻剂和被冷物之间，不断从被冷物取走热量，不断向冷冻剂放出热量。常用的冷载体有氯化钠、氯化钙、氯化镁等溶液。对于一定浓度的冷冻盐水，有一定的冻结温度。所以在一定的冷冻条件下，所用冷冻盐水的浓度应较所需的浓度大，否则会产生冻结现象，使蒸发器蛇管外壁结冰，严重影响冷冻机操作。

盐水对金属有较大的腐蚀作用，在空气存在下，其腐蚀作用更强。因此，一般均采用密闭式的盐水系统，并在盐水中加入缓蚀剂。

（4）冷冻机　常用的压缩冷冻机由压缩机、冷凝器、蒸发器与膨胀阀等四个基本部分组成。冷冻设备所用的压缩机以氨压缩机为多见，在使用氨冷冻压缩机时注意事项如下。

① 采用不发生火花的电气设备。

② 在压缩机出口方向，应于气缸与排气阀间设一个能使氨通到吸入管的安全装置，以防压力超高。为避免管路爆裂，在旁通管路上不装任何阻气设施。

③ 易于污染空气的油分离器应设于室外。压缩机要采用低温不冻结，且不与氨发生化学反应的润滑油。

④ 制冷系统压缩机、冷凝器、蒸发器以及管路系统，应注意其耐压程度和气密性，避免设备和管路裂纹、泄漏。同时要加强安全阀、压力表等安全装置的检查、维护。

⑤ 制冷系统因发生事故或停电而紧急停车，应注意其被冷物料的排空处理。

⑥ 装有冷料的设备及容器，应注意其低温材质的选择，防止低温脆裂。

三、筛分、过滤操作安全技术

1. 筛分操作安全技术

在生产中为满足生产工艺要求，常将固体原材料、产品进行颗粒分级。而这种分级一般是通过筛选办法实现的。通常筛选将其固体颗粒度（块度）分级，选取符合工艺要求的粒度，这一操作过程称为筛分。

筛分分为人工筛分和机械筛分。人工筛分劳动强度大，操作者直接接触粉尘，对呼吸器官及皮肤有很大危害；而机械筛分，大大减轻了体力劳动，减少了与粉尘的接触机会，如能很好密闭，实现自动控制，操作者将摆脱粉尘危害。

筛分所采用的设备是筛子，筛子分固定筛及运动筛两类。若按筛网形状又可分为转筒式和平板式两类。在转筒式运动筛中又有圆盘式、滚筒式和链式等；在平板式运动筛中，则有摇动式和簸动式。

物料粒度是通过筛网孔尺寸控制的。在筛分过程中，有的是筛余物符合工艺要求，有的是筛下部分符合工艺要求。根据工艺要求还可进行多次筛分，去掉颗粒较大和较小部分而留取中间部分。

从安全角度出发，筛分要注意以下几方面。

（1）在筛分操作过程中，粉尘如具有可燃性，应注意因碰撞和静电而引起粉尘燃烧、爆炸。如粉尘具有毒性、吸水性或腐蚀性，要注意呼吸器官及皮肤的保护，以防引起中毒或皮肤伤害。

（2）筛分操作是大量扬尘过程，在不妨碍操作、检查的前提下，应将其筛分设备最大限度地进行密闭。

（3）要加强检查，注意筛网的磨损和筛孔堵塞、卡料，以防筛网损坏和混料。

（4）筛分设备的运转部分要加防护罩以防绞伤人体。

（5）振动筛会产生大量噪声，应采用隔离等消声措施。

2. 过滤操作安全技术

在生产中欲将悬浮液中的液体与悬浮固体微粒有效地分离，一般采取过滤的方法。过滤操作是使悬浮液中的液体在重力、真空、加压及离心力的作用下，通过多细孔物体，而将固体悬浮微粒截留，进行分离的操作。

（1）过滤方法　过滤操作过程一般包括悬浮液的过滤、滤饼洗涤、滤饼干燥和卸料等四个组成部分。按操作方法可分为间歇过滤和连续过滤。过滤依其推动力可分为以下 4 种。

① 重力过滤。依靠悬浮液本身的液柱压差进行过滤。

② 加压过滤。在悬浮液上面施加压力进行过滤。

③ 真空过滤。在过滤介质下面抽真空进行过滤。

④ 离心过滤。借悬浮液高速旋转所产生的离心力进行过滤。

悬浮液的化学性质对过滤有很大影响。如液体有强腐蚀性，则滤布与过滤设备的各部件要选择耐腐蚀的材料制造。如果滤液的挥发性很强，或其蒸气具有毒性，则整个过滤系统必须密闭。

重力过滤的速度不快，一般仅用于处理固体含量少而易于过滤的悬浮液。真空过滤其推动力较重力过滤强，能适应很多过滤过程的要求，因而应用较广。但它要受到大气压力与溶液沸点的限制，且需要设置专门的真空装置。加压过滤可提高推动力，但对设备的强度和严密性有较高的要求。其所加压力要受到滤布强度、堵塞、滤饼可压缩性以及对滤液清洁度要求程度的限制。离心过滤效率高、占地面积小，因而在生产中得到广泛应用。

（2）过滤介质的选择　生产上所用的过滤介质需具备下列基本条件：

必须具有多孔性，使滤液易通过，且孔隙应能截留悬浮液粒；必须具有化学稳定性，如耐腐蚀性、耐热性等；具有足够的机械强度。

常用的过滤介质种类比较多，一般可归纳为粒状介质（如细沙、石砾、玻璃碴、木炭、骨灰、酸性白土等，适于过滤固相含量极少的悬浮液）、织物介质（可由金属或非金属丝织成）、多孔性固体介质（如多孔陶瓷板、多孔玻璃、多孔塑料等）。

（3）过滤过程安全技术　过滤机按操作方法分为间歇式和连续式。也可按照过滤推动力的不同分为重力过滤机、真空过滤机、加压过滤机和离心过滤机。

从操作方式来看，连续过滤较间歇式过滤安全。连续式过滤机循环周期短，能自动洗涤和自动卸料，其过滤速度较间歇式过滤机更高，且操作人员不与有毒物料接触，因而比较安全。

间歇式过滤机由于需要重复进行卸料、装合过滤机、加料等各项辅助操作，所以与连续式过滤相比，周期长，劳动强度大，直接接触毒物，且需要人工操作，因此不安全。

对于加压过滤机，当过滤中能散发有害的或有爆炸性气体时，不能采用敞开式过滤机操作，而要采用密闭式过滤机，并以压缩空气或惰性气体保持压力。在取滤渣时，应先释放压力，否则会发生事故。

对于离心过滤机，应注意其选材和焊接质量，并应限制其转鼓直径与转速，以防止转鼓承受高压而引起爆炸。因此，在有爆炸危险的生产中，最好不使用离心机而采用转鼓式、带式等真空过滤机。

离心机超负荷运转、运转时间过长、转鼓磨损或腐蚀、启动速度过高均有可能导致事故的发生。对于上悬式离心机，负荷不均匀时运转，会发生剧烈振动，不仅磨损轴承，且会导致转鼓撞击外壳而发生事故。转鼓高速运转，物料也可能由外壳飞出，造成重大事故。

当离心机无盖或防护装置不良时，工具或其他杂物有可能落入其中，并以很大速度飞出伤人。即使杂物留在转鼓边缘，也可能引起转鼓振动，造成其他危险。

不停车或未停稳而清理器壁时，铲勺会从手中脱飞，使人受伤。在开停离心机时，不要用手帮忙以防发生事故。

当处理具有腐蚀性物料时，不应使用铜质转鼓，而应采用钢质衬铅或衬硬橡胶的转鼓。并应经常检查衬里有无裂缝，以防腐蚀性物料由裂缝进入腐蚀转鼓。镀锌、陶瓷或铝制转鼓，只能用于速度较慢、负荷较低的情况下，为安全起见，还应有特殊的外壳保护。此外，操作过程中加料不均匀，也会导致剧烈振动，应引起注意。

因此，离心机的安全操作注意事项如下。

① 转鼓、盖子、外壳及底座应用韧性金属制造。对于轻负荷转鼓（50kg以内），可用铜制造，并要符合质量要求。

② 处理腐蚀性物料，转鼓需有耐腐衬里。

③ 盖子应与离心机启动联锁，运转中处理物料时，可先减速，然后在盖上开孔处处理。

④ 应有限速装置，在有爆炸危险厂房中，其限速装置不得因摩擦、撞击而发热或产生火花。同时，注意不要选择临界速度操作。

⑤ 离心机开关应安装在近旁，并应有锁闭装置。

⑥ 在楼上安装离心机时，要用工字钢或槽钢做成金属骨架，在其上要有减震装置，并注意其内、外壁间隙，转鼓与刮刀间隙，同时，应防止离心机与建筑物产生谐振。

⑦ 应定期检查离心机的内、外部及负荷。

四、粉碎、混合操作安全技术

1. 粉碎操作安全技术

在化工生产中，根据生产工艺的要求，需要把固体物料粉碎或研磨成粉末以增加其表面积，进而缩短化学反应的时间。

（1）粉碎方法　粉碎分为湿法与干法粉碎。干法粉碎是最常用的方法，按粉碎物料的颗粒直径大小分为粗碎（直径 40～1500mm）、中碎（直径 5～50mm）和细碎（磨碎或研磨，直径＜5mm）。

按实际操作时的作用力形式，粉碎方法分为挤压、撞击、研磨、劈裂等。在化工生产中，一般对于特别坚硬的物料，挤压和撞击粉碎较为有效；对于韧性物料，用研磨或剪力粉碎较好；而对脆性物料以劈裂粉碎为宜。

（2）粉碎过程安全技术　粉碎的危险性主要由机械故障、机械及其所在的建筑物内的粉尘爆炸、精细粉料处理时伴生的毒性以及高速旋转元件的断裂引起。

机械粉碎可以预见的误操作危险有内部危险和外部危险。内部危险通过设计安全余量和设备内部系统来控制消除，外部危险应加强防护。物质经过研磨时温度的升高一般约40℃，但局部热点的温度很高，可以起火源的作用。静电的产生和轴承的过热也是问题。内部的粉尘爆炸在一定的条件下会引起二次爆炸。粉碎过程中，关键设备是粉碎机，选择的安全条件如下：①加料、出料最好是连续化、自动化；②具有防止破碎机损坏的安全装置；③产生粉末应尽可能少；④发生事故时能迅速停车；⑤必须有紧急制动装置，必要时可迅速停车。

（3）粉碎机械的一般安全设计

① 运转中的破碎机严禁检查、清理和检修。如果破碎机加料口与地面平齐，或低于地面不到1m，应设安全格子。

② 破碎装置周围的过道宽度必须大于1m。

③ 如果破碎机安装在操作台上，则操作台与地面之间高度应在1.5～2.0m。操作台必须坚固，沿台周边应设高1m的安全护栏。

④ 为防止金属物件落入破碎装置，必须装设磁性分离器。

⑤ 圆锥式破碎面应装设防护板，以防固体物料飞出伤人。还要注意加入破碎机的物料块度不应大于其破碎性能。

⑥ 球磨机必须具有一个带抽风管的严密外壳。如研磨具有爆炸性的物质时，则内部需衬以橡胶或其他柔性材料。

⑦ 对于各类粉碎、研磨设备要密闭，操作室要有良好通风，以减少空气中粉尘含量。必要时，室内可装设喷淋设备。

⑧ 对于能产生可燃粉尘的研磨设备，要有可靠的接地装置和爆破片。要注意设备润滑，防止摩擦发热。对于研磨易燃、易爆物质的设备，要通入惰性气体进行保护。为确保安全，初次研磨的物料，应事先在研钵中进行试验，以了解是否黏结、着火，然后正式进行机械研磨。可燃物料研磨后，应先行冷却，然后装桶，以防止发热引起燃烧。

⑨ 粉末输送管道应消除粉末沉积的可能，输送管道与水平方向夹角不得小于 45°。

⑩ 加料斗需用耐磨材料制成，应严密。在粉碎时料斗不得卸空，盖子要盖严。

当发现粉碎系统中的粉末燃烧时，必须立即停止送料，并采取措施断绝空气来源，必要时充入氮气、二氧化碳以及水蒸气等惰性气体。但不宜使用加压水流或泡沫，以免可燃粉尘飞扬，使事故扩大。

2. 混合操作安全技术

凡使两种以上物料相互分散，而达到温度、浓度以及组成一致的操作，均称为混合。混合分液态与液态物料的混合、固态与液态物料的混合和固态与固态物料的混合。固体混合又分为粉末、散粒的混合。此外，还有糊状物料的捏合。混合操作是用机械搅拌、气流搅拌以及其他混合方法完成的。

（1）混合设备

① 液体混合设备。液体混合设备分机械搅拌（桨式搅拌器、螺旋桨式搅拌器、涡轮式搅拌器、特种搅拌器）与气流搅拌（是用压缩空气或蒸汽以及氮气通入液体介质中进行鼓泡，以达到混合目的的一种装置）。

② 固体、糊状物混合设备。此类设备有捏和机、螺旋混合器、干粉混合器等。

（2）混合过程安全技术　混合是加工制造业广泛应用的操作，依据不同的相及其固有的性质，有着特殊的危险，还有与动力机械相关的普通机械危险。因此，要根据物料性质（如腐蚀性、易燃易爆性、粒度、黏度等）正确选用设备。

对于利用机械搅拌进行混合的操作过程，其桨叶的强度是非常重要的。首先桨叶制造要符合强度要求，安装要牢固，不允许产生摆动。在修理或改造桨叶时，应重新计算其坚牢度。特别是在加长桨叶的情况下，尤其应该注意。因为桨叶消耗能量与其长度的 5 次方成正比。不注意这一点，可能会导致电机超负荷以及桨叶折断等事故发生。

搅拌器不可随意提高转速，尤其对于搅拌非常黏稠的物质，在这种情况下也可造成电机超负荷、桨叶断裂以及物料飞溅等。对于搅拌黏稠物料，最好采用推进式及透平式搅拌机。

为防止超负荷造成事故，应安装超负荷停车装置。对于混合操作的加料、出料，应实现机械化、自动化。对于能产生易燃、易爆或有毒物质的混合，混合设备应很好密闭，并充入惰性气体加以保护。当搅拌过程中物料产生热量时，若因故停止搅拌，将会导致物料局部过热。因此，在安装机械搅拌的同时，还要辅以气流搅拌，或增设冷却装置。对于有危险的气流搅拌，尾气需要回收处理。

对于混合可燃粉料，设备应很好接地以消除静电，并应在设备上安装爆破片。混合设备不允许落入金属物件。进入大型机械搅拌设备检修时，应切断设备电源或开关加锁，绝对不允许任意启动。

① 液-液混合。

液-液混合一般是在有电动搅拌的敞开或封闭容器中进行。应依据液体的黏度和所进行的过程，如分散、反应、除热、溶解或多个过程的组合，设计搅拌。还需要有仪表测量和报警装置强化的工作保证系统。装料时就应开启搅拌，否则，反应物分层或偶尔结一层外皮会引起危险反应。为使夹套或蛇管有效除热，必须开启搅拌的情形，在设计中应充分估计到机械、电气和动力故障的影响以及与过程有关的危险。

对于低黏度液体的混合，一般采用静止混合器或某种类型的高速混合器，除与旋转机械有关的普通危险外，没有特殊的危险。对于高黏度流体，一般是在搅拌机或碾压机中处理，必须除去混入的固体，否则会构成对人员和机械的伤害。对于爆炸混合物的处理，需要应用软墙或隔板隔开，远程操作。

② 气-液混合。

有时应用喷雾器把气体喷入容器或塔内，借助机械搅拌实现气体的分配。很显然，如果液体是易燃的，而喷入的是空气，则可在气-液界面上形成易燃蒸气-空气混合物、易燃烟雾或易燃泡沫。需要采取适当的防护措施，如整个流线的低流速或低压报警、自动断路、防止静电产生等，才能使混合顺利进行。如果是液体在气体中分散，则可能会形成毒性或易燃性悬浮微粒。

③ 固-液混合。

固-液混合可在搅拌容器或重型设备中进行。如果是重质混合，必须移除一切坚硬的、无关的物质。在搅拌容器内固体分散或溶解操作中，必须考虑固体在器壁的结垢和出口管线的堵塞。

④ 固-固混合。

固-固混合用的是重型设备，这个操作最突出的特点是机械危险。如果固体是可燃的，必须采取防护措施把粉尘爆炸危险降至最小程度，如在惰性气氛中操作，需采用爆炸卸荷防护墙设施，消除火源，要特别注意静电的产生或轴承的过热等。应该采用筛分、磁分离、手工分类等移除杂金属或过硬固体等。

⑤ 气-气混合。

无须机械搅拌，只要简单接触就能达到充分混合。易燃混合物和爆炸混合物需要采用惯常的防护措施。

五、物料输送操作安全技术

在化工生产过程中，经常需将各种原材料、中间体、产品以及副产品和废弃物，由前一工序输往后一工序，或由一个车间输往另一个车间，或输往储运地点。在现代化工企业中，这些输送过程是借助于各种输送机械设备实现的。由于所输送的物料形态（块状、粉态、液态、气态等）不同，因而所采用的输送设备也各有所不同，因此保证其安全运行的操作要点及注意事项也就不同。

1. 固体物料的输送安全技术

固体物料分为块状物料和粉料，在实际生产中多采用皮带输送机、螺旋输送机、刮板输送机、链斗输送机、斗式提升机以及气力输送（风送）等多种形式进行输送。有时还可以利用位差、采用密闭溜槽等简单方式进行输送。

（1）皮带、刮板、链斗、螺旋输送机、斗式提升机等输送设备使用安全技术　这类输送设备连续往返运转，可连续加料，连续卸载。其存在的危险性主要有设备本身发生故障以及由此造成的人身伤害。

① 传动机构。主要有皮带传动和齿轮传动等。

a. 皮带传动。皮带的规格与形式应根据输送物料的性质、负荷情况进行合理选择，要有足够的强度，皮带胶接应平滑，并要根据负荷调整松紧度。要防止在运行过程中，因高温物料烧坏皮带，或因斜偏刮挡撕裂皮带的事故发生。

皮带同皮带轮接触的部位，对于操作者是极其危险的部位，可造成断肢伤害甚至危及生命安全。在正常生产时，这个部位应安装防护罩。因检修而拆卸下的防护罩，事后应立即恢复。

b. 齿轮传动。齿轮传动的安全运行，在于齿轮同齿轮，齿轮同齿条、链条的良好啮合，以及具有足够的强度。此外，要严密注意负荷的均匀、物料的粒度以及混入其中的杂物，防止因卡料而拉断链条、链板，甚至拉毁整个输送设备机架。

同样，齿轮与齿轮、齿条、链带相啮合的部位，也是极其危险的部位。该处连同它的端面均应采取防护措施，防止发生重大人身伤亡事故。

斗式提升机应有防护因链带拉断而坠落的装置。链式输送机还应注意下料器的操作，防止下料过多、料面过高造成链带拉断。

螺旋输送器，要注意不要在螺旋导叶与壳体间隙混入杂物（如铁筋、铁块等），以防止挤坏螺旋导叶与壳体。

c. 轴、联轴器、键及固定螺钉。这些部位表面光滑程度有限，有突起，要安装防护罩，不得随意拆卸。固定螺钉不准超长，否则在高速旋转中易将人刮倒。

② 输送设备的开、停车。物料输送设备的开、停，在生产中有自动开停和手动开停系统；有因故障而装设的事故自动停车和就地手动事故按钮停车系统；为保证输送设备本身的安全，还应安装超负荷、超行程停车保护装置；紧急事故停车开关应设在操作者经常停留的部位；停车检修时，开关应上锁或撤掉电源。

对于长距离输送系统，应安装开停车联系信号装置，以及给料、输送、中转系统的自动联锁装置或程序控制系统。

③ 输送设备的日常维护。在输送设备的日常维护中，润滑、加油和清扫工作是操作者致伤的主要原因。减少这类工作的次数就能够减少操作者发生危险的概率。所以，应提倡安装自动注油和清扫装置。

（2）气力输送安全技术　气力输送凭借真空泵或风机产生的气流动力将物料吹走以实现物料输送。与其他输送方式相比，气力输送系统密闭性好，物料损失少，构造简单，粉尘少，劳动条件好，输送距离远（达数百米），易实现自动化。

但能量消耗大，管道磨损严重，且不适于输送湿度大、易黏结的物料。

从安全技术考虑，气力输送系统除设备本身因故障损坏外，最大的问题是系统的堵塞和由静电引起的粉尘爆炸。

① 堵塞。以下几种情况易发生堵塞。

a. 具有黏性或湿度过高的物料较易在供料处、转弯处黏附管壁，最终造成管路堵塞。

b. 管道连接不同心时，有错偏或焊渣突起等障碍处易堵塞。

c. 大管径长距离输送管比小管径短距离输送管更易发生堵塞。

d. 输料管径突然扩大，或物料在输送状态中突然停车时，易造成堵塞。

最易堵塞的部位是弯管和供料处附近的加速段，由水平向垂直过渡的弯管也易堵塞。为避免堵塞，设计时应确定合适的输送速度，选择管系的合理结构和布置形式，尽量减少弯管的数量。

输料管壁厚通常为3～8mm。输送磨削性较强的物料时，应采用管壁较厚的管道，管内表面要求光滑，不准有褶皱或凸起。

此外，气力输送系统应保持良好的严密性。否则，吸送式系统的漏风会导致管道堵塞。而压送式系统漏风，会将物料带出，污染环境。

② 静电。粉料在气力输送系统中，会同管壁发生摩擦而使系统产生静电，这是导致粉尘爆炸的重要原因之一。因此，必须采取下列措施加以消除。

a. 输送粉料的管道应选用导电性较好的材料，并应良好地接地。若采用绝缘材料管道，且能产生静电时，管外应采取可靠的接地措施。

b. 输送管道直径要尽量大些。管路弯曲和变径应平缓，弯曲和变径处要少。管内壁应平滑，不许装设网格之类的部件。

c. 管道内风速不应超过规定值，输送量应平稳，不应有急剧的变化。

d. 为防止粉料堆积在管内，要定期使用空气进行管壁清扫。

（3）安全技术注意事项

① 防止人身伤害。

a. 在物料输送设备的日常维护中，润滑、加油和清扫工作是操作者遭受伤害的主要环节。在设备没有安装自动注油和清扫装置的情况下，一律要停车进行维护操作。

b. 要特别关注设备对操作者可能产生严重伤害的部位。

c. 注意链斗输送机下料器的摇把反转伤人，不得随意拆卸设备突起部位的防护罩，避免设备高速运转时突起部分将人刮倒。

② 防止设备事故。

a. 防止高温物料烧坏皮带或斜偏刮挡撕裂皮带发生事故。

b. 严密注意齿轮负荷的均匀、物料的粒度以及混入其中的杂物。防止因为齿轮卡料，拉断链条、链板，甚至拉毁整个输送设备的机架。

c. 防止链斗输送机下料器下料过多，料面过高，造成链带被拉断。

2. 液态物料的输送安全技术

在化工生产中，液态物料可用管道输送，高处的物料可以自流至低处。而液态物料由低处输往高处，或由一地输往另一地（水平输送），或由低压处输往高压处，以及为保证一定流量克服阻力所需要的压头，都要依靠泵来完成。

化工生产中输送的液体物料种类繁多、性质各异（有高黏度溶液、悬浮液、腐蚀性溶液等），且温度、压强又有高低之分，因此，所用泵的种类较多。生产中常用的有往复泵、离心泵、旋转泵、流体作用泵等四类，其中最常用的是往复泵和离心泵。

(1) 往复泵使用安全技术　往复泵使用时应注意以下几个方面。

① 泄漏。活塞、套缸的磨损，缺少润滑油，以及吸液管处法兰松动等，都会造成物料泄漏，引发事故。因此注油处油壶要保证有液位，要经常检查法兰是否松动。

② 开车前将空气排空。开车时内缸中空气如果不排空，液体物料中混入空气会引发事故。因此，开车时应将内缸充满水或所输送的液体，排除缸中空气，若出口有阀门，应打开阀门。

③ 流量调节误操作。往复泵操作严禁用出口阀门调节流量，否则可能造成缸内压力急剧变化，引发事故。

(2) 离心泵使用安全技术　离心泵的使用应注意以下几个方面的问题。

① 振动造成泄漏。离心泵在运转时会产生机械振动，如果安装基础不坚固，由于振动会造成法兰连接处松动和管路焊接处破裂，从而引发物料泄漏事故。因此，安装离心泵要有坚固的基础，并且要经常检查泵与基础连接的地脚螺丝是否松动。

② 静电引起燃烧。管内液体流动与管壁摩擦会产生静电，引起事故。因此管道应有可靠的接地措施。

③ 吸入口位置不对。如果泵吸入位置不当，会在吸入口产生负压吸入空气，引起事故。一般泵吸入口应设在容器底部或液体深处。为防止杂物进入泵体引起机械事故，吸入口应加设滤网。

④ 联轴器绞伤。由于电机的高速运转，联轴器处易引发人员被绞伤事故。因此泵与电机的联轴器处应安装防护罩。

（3）安全技术注意事项

① 避免物料泄漏引发事故。

a. 保证泵的安装基础坚固，避免因运转时产生机械振动造成法兰连接处松动和管路焊接处破裂，从而引起物料泄漏。

b. 操作前及时压紧填料函（松紧适度），以防止物料泄漏。

② 避免空气吸入导致爆炸。

a. 开动离心泵前，必须向泵壳充满被输送的液体，保证泵壳和吸入管内无空气积存，同时避免气缚现象。

b. 吸入口的位置应适当，避免空气进入系统导致爆炸或抽瘪设备。

③ 防止静电引起燃烧。

a. 在输送可燃液体时，管内流速不应大于安全流速。

b. 管道应有可靠的接地设施。

④ 避免轴承过热引起燃烧。

a. 填料函的松紧应适度，不能过紧，以免轴承过热。

b. 保证运行系统有良好的润滑，避免泵超负荷运行。

⑤ 防止绞伤。

由于电机的高速运转，泵和电机的联轴节处容易发生对人员的绞伤。因此，联轴节处应安装防护罩。

3. 气体物料的输送安全技术

输送可燃气体，采用液环泵比较安全。抽送或压送可燃性气体时，进气吸入口应该经常保持一定余压，以免造成负压吸入空气形成爆炸性混合物（雾化的润滑油或其分解产物与压缩空气混合，同样会产生爆炸性混合物）。

为避免压缩机气缸、储气罐以及输送管路因压力增高而引起爆炸，要求这些部分要有足够的强度。此外，要安装经校验过的压力表和安全阀（或爆破片）。安全阀泄压应将其危险气体导至安全的地方。还可安装压力超高报警器、自动调节装置或压力超高自动停车装置。

压缩机在运行中，冷却水不能进入气缸，以免发生水锤。氧压机严禁与油类接触，一般采用含 10% 以下甘油的蒸馏水作为润滑剂。其中水的含量应以气缸壁充分润滑而不产生水锤为准（约 80~100 滴/min）。

气体抽送和压缩设备上的垫圈易损坏漏气，应经常检查，及时修换。

对于特殊压缩机，应根据压送气体物料的化学性质的不同，而有不同的安全要求。如乙炔压缩机中，同乙炔接触的部件不允许用铜来制造，以防产生比较危险的乙炔铜等。

可燃气体的输送管道，应经常保持正压，并根据实际需要安装逆止阀、水封和阻火器等安全装置。

易燃气体、液体管道不允许同电缆一起敷设。可燃气体管道同氧气管一同敷设时，氧气管道应设在旁边，并保持 250mm 的净距。

管内可燃气体流速不应过高。管道应良好接地，以防止静电引起事故。

对于易燃、易爆气体或蒸气的抽送、压缩设备的电机部分，应全部采用防爆型。否则，应穿墙隔离设置。

要注意的事项如下。

（1）在使用通风机或鼓风机的过程中，应注意保持转动部件的防护罩完好，必要时安装消声装置，避免人体伤害事故。

（2）在化工生产中，对于压缩机的使用要保证散热良好，严防泄漏，严禁空气与易燃性气体在压缩机内形成爆炸性混合物，防止静电，预防禁忌物的接触，避免操作失误引发事故。

（3）真空泵的安全运行需严格密封，输送易燃气体时尽可能采用液环式真空泵。

六、熔融、干燥操作安全技术

1. 熔融操作安全技术

在化工生产中，常常需将某些固体物料（如苛性钠、苛性钾、萘、磺酸钠等）熔融之后进行化学反应。

熔融操作的主要危险来源于被熔融物料的化学性质、熔融时的黏度、熔融过程中副产物的生成、熔融设备、加热方式以及物料的破碎等方面。

（1）熔融物料的性质 被熔固体物料本身的危险特性对操作安全有很大的影响。例如，碱熔过程中的碱，可使蛋白质变为一种胶状化合物，又可使脂肪变为胶状的物质。碱比酸具有更强的渗透能力，且渗入组织较快，因此碱对皮肤的灼伤要比酸更为严重。尤其是固碱粉碎、熔融过程中，碱屑或碱液飞溅至眼部，其危险性更大，不仅使眼角膜、结膜立即坏死糜烂，同时向深部渗入，损坏眼球内部，致使视力严重减退甚至失明。

（2）熔融物中的杂质 熔融物中杂质的种类和数量对安全操作产生很大的影响。例如，在碱熔过程中，碱和磺酸盐的纯度是该过程中影响安全的最重要因素之一。若碱和磺酸盐中含有无机盐杂质，应尽量除去。否则，其中的无机盐杂质不熔融，并且呈块状残留于反应物内。块状杂质的存在，妨碍反应物的混合，并能使其局部过热、烧焦，致使熔融物喷出，烧伤操作人员。因此必须经常清除锅垢。

（3）物料的黏度 能否安全进行熔融，与反应设备中物料的黏度有密切关系。反应物料流动性越好，熔融过程就越安全。

为使熔融物具有较大的流动性，可用水将其适当稀释。当苛性钠或苛性钾中有水存在时，其熔点就会显著降低，从而使熔融过程可以在危险性较小的低温状态下进行。

在化学反应中，使用40%～50%的碱液代替固碱较为合理。这样可以免去固碱粉碎及熔融过程。在必须用固碱时，也最好使用片碱。

（4）熔融设备 熔融设备一般分为常压操作与加压操作两种。常压操作一般采用铸铁锅，加压操作一般采用钢制设备。

为了加热均匀，避免局部过热，熔融是在搅拌下进行的。对液体熔融物（如苯磺酸钠）可用桨式搅拌。对于非常黏稠的糊状熔融物可采用锚式搅拌。

熔融过程在150～350℃下进行时，一般采用烟道气加热，也可采用油浴或金属浴加热。

使用煤气加热时，应注意防止煤气泄漏而引起的爆炸或中毒。

对于加压熔融的操作设备，应安装压力表、安全阀和排放装置。

2. 干燥操作安全技术

化工生产中的固体物料，含有不同程度的湿分（水或其他液体），不利于加工、使用、运输和储存，有必要除去其中的湿分。一般除去湿分的方法有多种，例如机械去湿、吸附去湿、加热去湿，其中用加热的方法使固体物料中的湿分汽化并除去的方法称为干燥，干燥能将湿分去除得比较彻底。

（1）干燥的分类　干燥按操作压强可分为常压干燥和减压干燥。其中减压干燥主要用于处理热敏性、易氧化或要求干燥产品中湿分含量很低的物料；按操作方式可分为间歇干燥与连续干燥，间歇干燥用于小批量、多品种或要求干燥时间很长的场合；按干燥介质类别可划分为空气、烟道气或其他介质的干燥；按干燥介质与物料流动方式可分为并流、逆流和错流干燥；按加热量供给方式可分为对流干燥、辐射干燥和电加热干燥。

（2）干燥过程安全技术

① 干燥过程影响因素。

干燥过程中影响干燥效果的有以下几个因素。

a. 物料的性质和形状。在干燥第一阶段，尽管物料的性质对干燥速率影响很小，但物料的形状、大小，物料层的厚薄等将影响物料的临界含水量。在干燥第二阶段，物料的性质和形状对干燥度有决定性的影响。

b. 物料的湿度。干燥过程中，物料的湿度越高，干燥速率越大。另外物料的湿度与干燥介质的温度和湿度有关。

c. 物料的含水量。物料的最初、最终和临界含水量决定了各阶段的干燥时间。

d. 干燥介质的温度和湿度。干燥介质温度越高、湿度越低，则干燥第一阶段的干燥速率越大，但应以不损坏物料为原则，特别是对热敏性物料，更应注意控制干燥介质的温度。有些干燥设备采用分段中间加热的方式，可以避免介质温度过高。

e. 干燥介质的流速和流向。在干燥第一阶段，提高气速可以提高干燥速率。介质的流动方向垂直于物料表面时的干燥速率比平行时要大。在干燥第二阶段，气速和流向对干燥速率影响较小。

② 安全运行操作条件。

正确选择干燥器，确定最佳的工艺条件，进行安全控制和调节，才能保障干燥的正常运行。

工业生产中的对流干燥，干燥介质不统一，干燥的物料多种多样，干燥设备类型多，干燥机理复杂。因此，目前仍以实验手段和经验来确定干燥过程的最佳条件。

通常对于一个特定的干燥过程，干燥器、干燥介质、湿物料的含水量、水分性质、温度以及干燥产品质量确定后，仍需确定干燥介质的流量 L、进出干燥器的温度 t_1 和 t_2、出干燥器时废气的湿度 H_2 等最佳操作条件。但这四个参数是相互关联和影响的，当任意规定其中的两个参数时，另外两个参数也就确定了。例如，在对流干燥操作中，只有两个参数可以作为自变量而加以调节。在实际操作中，主要调节的参数是进入干燥器的干燥介质温度 t_1 和流量 L。

a. 干燥介质进口温度调节。

为提高干燥经济性，干燥介质的进口温度应尽量高一些，但要防止物料发生质变。同一物料在不同类型的干燥器中干燥时，允许的介质进口温度也不同。例如，在箱式干燥器中，干燥介质的进口温度不宜过高，原因是物料静止，只与物料表面直接接触，容易过热。而在转筒干燥器、沸腾干燥器、气流干燥器等干燥器中，干燥介质的进口温度可高些，原因是物料在不断翻动，表面更新快，干燥过程均匀、速率快、时间短。

b. 干燥介质出口温度调节。

提高干燥介质的出口温度，废气带走的热量多，热损失大。如果介质的出口温度太低，废气可能在出口处或排气设备中析出水滴（达到露点），破坏正常的干燥操作。例如气流干燥器，要求干燥介质的出口温度较物料的出口温度高 10～30℃或较其进口时的绝热饱和温度高 20～50℃，否则，可能会导致干燥产品返潮，并造成设备的堵塞和腐蚀。

c. 干燥介质流量调节。

增加空气的流量可以增加干燥过程的推动力，提高干燥速率。但空气流量的增加，会造成热损失增加，热量利用率下降，同时还会使动力消耗增加。而气速的增加，会导致产品回收负荷增加。生产中，要综合考虑温度和流量的影响，合理选择干燥介质流量。

d. 干燥介质出口相对湿度调节。

干燥介质出口的相对湿度增加，可使一定量的干燥介质带走的水汽量增加，降低操作费用，同时会导致过程推动力减小、干燥时间增加或所需干燥器尺寸增大，从而使总费用增加，因此，必须综合考虑。例如，气流干燥器物料停留时间短，增大推动力有利于提高干燥速率，一般控制出口干燥介质中的水汽分压小于出口物料表面水汽分压的 50％。对转筒干燥器，出口干燥介质中的水汽分压为出口物料表面水汽分压的 50％～80％。

e. 干燥介质出口温度与相对湿度的调节关系。

对于一台干燥设备，干燥介质的最佳出口温度和湿度一般通过实验来确定，主要通过控制、调节干燥介质的进口温度和流量来实现。例如，对同样的干燥任务，提高干燥介质的流量或进口温度，可使干燥介质的相对湿度降低，出口温度上升。

在有废气循环使用的干燥装置中，通常将循环的废气与新鲜空气混合后进入预热器加热，再送入干燥器，以提高传热、传质系数及热能的利用率。如果循环废气量大，进入干燥器的干燥介质湿度增加，将使过程的传质推动力下降。因此，应在保证产品质量和产量的前提下，选择合适的循环比。

干燥操作的目的是使物料中的含水量降至规定的指标之下，且无龟裂、焦化、变色、氧化和分解等变化；干燥过程的经济性主要取决于热能消耗及热能的利用率。因此，在化工生产中，要综合考虑，选择适宜的操作条件，实现优质、高产、低耗的目标。

七、蒸发、蒸馏操作安全技术

1. 蒸发操作安全技术

蒸发是通过加热使溶液中的溶剂不断汽化并被移除，以提高溶液中溶质浓度，或使溶质析出的物理过程。如制糖工业中蔗糖水、甜菜水的浓缩，氯碱工业中的碱液提浓以及海水制盐等均采用蒸发的办法。

蒸发的溶液都具有一定的特性，如溶质在浓缩过程中若有结晶、沉淀和污染物产生，这样会导致传热效率降低，并且产生局部过热，因此，对加热部分需经常清洗。

对具有腐蚀性溶液的蒸发，需要考虑设备的腐蚀问题，为了防腐，有的设备需要用特种钢材来制造。

热敏性溶液应控制蒸发温度。溶液的蒸发会产生不稳定的结晶和沉淀物，局部过热会使其分解变质或燃烧、爆炸，需严格控制蒸发温度。为防止热敏性物质分解，可采用真空蒸发的方法，降低蒸发温度，缩短停留时间和与加热面接触的时间，例如采用单程循环、快速蒸发等。

2. 蒸馏操作安全技术

蒸馏是借液体混合物各组分挥发度的不同，使其分离为纯组分的操作。蒸馏操作可分为间歇蒸馏和连续蒸馏；按压力分为常压、减压和加压（高压）蒸馏。

此外还有特殊蒸馏，如蒸汽蒸馏、萃取蒸馏、恒沸蒸馏和分子蒸馏等。

一般应根据物料性质、工艺要求，正确选择蒸馏方法和蒸馏设备。选择蒸馏方法时，还应考虑操作压力及操作过程，操作压力的改变可直接导致液体沸点的改变，即改变液体的蒸馏温度。因此，需要根据加热方式、物料性质等采取相应的安全措施。

一般难挥发的物料（在常压下沸点150℃以上）应采用真空蒸馏。这样可以降低蒸馏温度，防止物料在高温下变质、分解、聚合和局部过热现象的产生。中等挥发性物料（沸点为100℃左右）采用常压蒸馏分离较为合适，若采用真空蒸馏，反而会增加冷却的困难。常压下沸点低于30℃的物料，则应采用加压蒸馏，但是应注意系统密闭和压力设备的安全。

（1）常压蒸馏 在常压蒸馏中，对于易燃液体的蒸馏禁止采用明火作为热源，一般采用蒸气或过热水蒸气加热较为安全。对于腐蚀性液体的蒸馏，应选择防腐耐热高强度材料，以防止塔壁、塔盘腐蚀泄漏，导致燃烧、爆炸、灼伤等危险。对于自燃点很低的液体蒸馏，应注意蒸馏系统的密闭，防止因高温泄漏遇空气自燃。

蒸馏高沸点物料时，应防止产生自燃点很低的树脂油状物（遇空气而自燃）。同时应防止蒸馏使残渣转化为结垢，从而引起局部过热而燃烧、爆炸。应经常清除油焦和残渣。

对于高温的蒸馏系统，需防止因设备损坏而使冷却水进塔，水迅速汽化，导致塔内压力突然增高，将物料冲出或发生爆炸。故在开车前应对换热器试压并将塔内和管道内的水放尽。

冷凝器中的冷却水或冷冻盐水不能中断，否则会超温、超压，使未冷凝的易燃蒸气逸出，引起燃烧、爆炸等危险。在常压蒸馏系统中，还应注意防止凝固点较高的物质凝结堵塞管道，导致塔内压力增高而引起危险。

（2）减压蒸馏 减压蒸馏也叫真空蒸馏，是一种较安全的蒸馏方法。对于沸点较高、高温易分解、易爆炸或易聚合的物质，采用真空蒸馏分离较为合适。例如，在高温下苯乙烯易聚合、硝基甲苯易分解爆炸，通常采用真空蒸馏的方法。

真空蒸馏系统的密闭性是非常重要的，否则吸入空气，与塔内易燃气混合形成爆炸性混合物，就有引起爆炸或者燃烧的危险。当易燃易爆物质蒸馏完毕，应充入氮气后，再停止真空泵，以防止空气进入系统，引起燃烧或爆炸危险。真空泵应安装单向阀，以防止突然停泵而使空气倒入设备。

真空蒸馏应注意其操作程序：先开冷却器进水阀，然后开真空进气阀，最后打开蒸汽阀门。否则，物料会被吸入真空泵，并引起冲料，使设备受压甚至产生爆炸。真空蒸馏易燃物质的排气管应连接排气系统或通室外高空排放，管道上要安装阻火器。

（3）加压蒸馏　在加压蒸馏中，气体或蒸汽容易泄漏造成燃烧、中毒的事故。因此，设备应严格进行气密性和耐压试验，并安装安全阀和温度、压力的调节控制装置，严格控制蒸馏温度与压力。在石油产品的蒸馏中，应将安全阀的排气管与火炬系统相接，安全阀起跳时，即可将物料排入火炬系统烧掉。

在蒸馏易燃液体时，应注意系统的静电消除。特别是苯、丙酮、汽油等不易导电液体的蒸馏，更应将蒸馏设备、管道良好接地。室外蒸馏塔应安装可靠的避雷装置。

蒸馏设备应经常检查、维修，认真搞好开车前、停车后的系统清洗、置换工作，避免发生事故。对易燃易爆物质的蒸馏，厂房要符合防爆要求，有足够的泄压面积，室内电机、照明等电气设备均应采用防爆产品。

八、其他单元操作安全技术

1. 吸收操作安全技术

（1）容器中的液面应自动控制和易于检查。对于毒性气体，必须有低液位报警装置。

（2）控制溶剂的流量和组成，如洗涤酸性气体的碱性液体；如用碱溶液洗涤氯气，用水排除氨气，液流的失控会造成严重事故。

（3）在设计限度内控制入口气流，检测其组成。

（4）控制出口气的组成。

（5）选择适于与溶质和溶剂的混合物接触的结构材料。

（6）在进口气流速、组成、温度和压力的设计条件下操作。

（7）避免潮气转移至出口气流中，如应用严密筛网或填充床、除雾器等。

（8）一旦出现控制变量不正常的情况，应能自动启动报警装置。控制仪表和操作程序应能防止气相中溶质载荷的突增以及液体流速的波动。

2. 液-液萃取操作安全技术

萃取过程常常有易燃的稀释剂或萃取剂的应用。相混合、相分离以及泵输送等操作，消除静电的措施极为重要。对于放射性化学物质的处理，可采用无须机械密封的脉冲塔。在需要最小持液量和非常有效的相分离的情形中，应采用离心式萃取器。

第三节　化工单元设备安全技术

一、泵的安全运行

泵的安全运行涉及流体的平衡、压力的平衡和物系的正常流动。

保证泵的安全运行的关键是加强日常检查，包括：定时检查各部件轴承温度；定时检查各出口阀压力、温度；定时检查润滑油压力，定期检验润滑油油质；检查填料密封泄漏情况，适当调整填料压盖螺栓松紧；检查各传动部件有无松动和异常声音；检查各连接部件紧固情况，防止松动；泵在正常运行中不得有异常振动声响，各密封部位无滴漏，压力表、安全阀灵活好用。

二、换热器的安全运行

化工生产中对物料进行加热或冷却（沸腾或冷凝），由于加热剂、冷却剂等的不同，换热器具体的安全运行要点也有所不同。

（1）蒸汽加热必须不断排除冷凝水，同时还必须及时排放不凝性气体，因为不凝性气体的存在使蒸汽冷凝的给热系数大大降低。

（2）热水加热，一般温度不高，加热速度慢，操作稳定，只要定期排放不凝性气体，就能保证正常操作。

（3）烟道气一般用于生产蒸气或加热、汽化液体，烟道气的温度较高，且温度不易调节，在操作过程中，必须时时注意被加热物料的液位、流量和蒸气产量，还必须做到定期排污。

（4）导热油加热的特点是温度高（可达 400℃）、黏度较大、热稳定性差、易燃、温度调节困难，操作时必须严格控制进出口温度，定期检查进出管口及介质流道是否结垢，做到定期排污，定期放空，定期过滤或更换导热油。

（5）水和空气冷却操作时，应注意根据季节变化调节水和空气的用量，用水冷却时，还要注意定期清洗。

（6）冷冻盐水冷却操作时，温度低，腐蚀性较大，在操作时应严格控制进出口的温度，防止结晶堵塞介质通道，要定期放空和排污。

（7）冷凝操作需要注意的是，定期排放蒸气侧的不凝性气体，特别是减压条件下不凝性气体的排放。

三、精馏设备的安全运行

1. 精馏塔设备的安全运行

通常应注意以下事项。

（1）精馏操作前应检查仪器、仪表、阀门等是否齐全、正确、灵活，做好启动前的准备。

（2）预进料时，应先打开放空阀，充氮置换系统中的空气，以防在进料时出现事故，当压力达到规定的指标后再打开进料阀，打入指定液位高度的料液。

（3）再沸器投入使用时，应打开塔顶冷凝器的冷却水（或其他介质），对再沸器通蒸汽加热。

（4）在全回流情况下继续加热，直到塔温、塔压均达到规定指标。

（5）进料与出产品时，应打开进料阀进料，同时从塔顶和塔釜采出产品，调节到指定的回流比。

（6）精馏塔控制与调节的实质是控制塔内气、液相负荷大小，以保持塔设备良好的质、热传递，获得合格的产品；但气、液相负荷是无法直接控制的，生产中主要通过控制温度、压力、进料量和回流比来实现；运行中，要注意各参数的变化，及时调整。

（7）停车时，应先停进料，再停再沸器，停产品采出，降温降压后再停冷却水。

2. 精馏辅助设备的安全运行

再沸器和冷凝器在安装时应根据塔的大小及操作是否方便而确定其安装位置。对于小塔，冷凝器一般安装在塔顶，这样冷凝液可以利用位差而回流入塔；再沸器则可安装在塔底。对于大塔（处理量大或塔板数较多时），冷凝器若安装在塔顶部则不便于安装、检修和清理，此时可将冷凝器安装在较低的位置，回流液则用泵输送入塔；再沸器一般安装在塔底外部。

3. 反应器的安全运行

（1）釜体及封头的安全　釜体及封头提供足够的反应体积以保证反应物达到规定转化率所需的时间。釜体及封头应有足够的强度、刚度和稳定性及耐腐蚀能力，以保证运行可靠。

（2）搅拌器的安全　搅拌器应安全可靠。搅拌器选择不当，可能发生中断或突然失效，造成物料反应停滞、分层、局部过热等，以致发生各种事故。

4. 蒸发器的安全运行

蒸发器的选型主要应考虑被蒸发溶液的性质和是否容易结晶或析出结晶等因素。

（1）蒸发热敏性物料时，应考虑黏度、发泡性、腐蚀性、温度等因素，可选用膜式蒸发器，以防止物料分解。

（2）蒸发黏度大的溶液，为保证物料流速应选用强制循环回转薄膜式或降膜式蒸发器。

（3）蒸发易结垢或析出结晶的物料，可采用标准式蒸发器、悬筐式蒸发器、管外沸腾式蒸发器和强制循环型蒸发器。

（4）蒸发发泡性溶液时，应选用强制循环型蒸发器和长管薄膜式蒸发器。

（5）蒸发腐蚀性物料时应考虑设备用材，如蒸发废酸等物料应选用浸没燃烧式蒸发器。

（6）当处理量小或采用间歇操作时，可选用夹套蒸发器或锅炉蒸发器。

5. 容器的安全运行

（1）容器的选择　根据存储物的性质、数量和工艺要求确定存储设备。

（2）安全存量的确定　原料的存量要保证生产正常进行，主要根据原料市场供应情况和供应周期而定。

（3）容器台数的确定　主要依据总存量和容器的适宜容积确定容器的台数。

第四章

化工设备安全与化工安全预测

化工生产的过程中会发生各种安全事故，其中最直接的原因就是设备的损坏，因此要格外注重化工设备的安全管理。本章从化工设备的安全方面，包括设备的运行安全、预测等来加强认知。

第一节 化工设备与设备故障

一、化工设备

化工设备是化工机械的一部分。化工机械包括两部分,其一是化工机器,指主要作用部件为运动的机械,如流体输送的风机、压缩机、各种泵等。其二是化工设备,指主要作用部件是静止的或只有很少运动的机械,如容器、反应器等。化工机械与其他机械的划分不是很严格,例如一些用于化工过程的机泵,也是其他工业部门采用的通用设备。同样在化工过程中化工机器和化工设备间也没有严格的区分,例如一些反应器也常常装有运动的机器。

化工产品生产过程的正常运转,产品质量和产量的控制和保证,离不开各种化工设备的适应和正常运转。化工设备的选配必须通过对整个化工生产过程的详细计算、设计、加工、制造和选配,要适应化工生产所需。

1. 化工设备的特点和分类

(1) 化工设备的特点 整套化工生产装置是由化工设备、化工机器以及其他诸如化工仪表、化工管路与阀门等组成,为保证整套装置的安全稳定可靠生产,要求化工设备具有以下性能。

① 要与生产装置的原料、产品、中间产品等所处理物料性能、数量、工艺特点、生产规模等相适应。

② 一套生产装置,无论是连续还是间歇生产,都是由多种多台设备组成,因此要求化工设备彼此之间及与其他设备之间,设备和管道、阀门、仪器、仪表、电器、电路等之间要有可靠的协同性和适配性。

③ 要求化工设备对正常的温度、压力、流量、物料腐蚀性能等操作条件,在结构材质和强度上要有足够的密封性能和机械强度。对可能出现的不正常,甚至可能出现的极端条件要有足够的经受和防范、应急和处置能力。

④ 无论是连续还是间歇化工生产装置都需要长期进行操作使用。因此要考虑化工设备磨损、腐蚀等因素，要保证有足够长的正常使用寿命。

⑤ 在满足上述条件的同时要优化化工设备的材质、选型、制造费用、效率和能耗，尽量达到最优。

⑥ 大部分化工设备具有通用性，适用于诸如炼油、轻工、食品等工业部门。

（2）化工设备的分类　化工设备种类繁多，分类具有多种方式，例如按结构材质分，可分为碳钢设备、不锈钢设备、非金属设备。按承受压力可分为高压设备、中压设备、真空设备和常压设备等。现按使用功能粗分如下。

① 化工容器类：槽、罐、釜等。

② 分离塔器类：填料塔、浮阀塔、泡罩塔、转盘塔等。

③ 反应器：管式反应器、流态化反应器、搅拌釜式反应器等。

④ 换热器：列管式换热器、板式换热器、蛇管换热器等。

⑤ 加热炉：电加热炉、管式裂解炉、废热锅炉等。

⑥ 结晶设备：溶液结晶器、熔融结晶器等。

⑦ 其他各种专用化工设备等。

2. 化工安全管理的重要性

化工生产过程中存在着诸多的危险性因素，对化工安全生产产生了极大的威胁，包括：化工企业易燃、易爆，有腐蚀性、有毒的物质多；化工生产高温、高压设备多；化工生产废气、废渣、废液多，污染严重；化工生产工艺复杂，不允许操作失误。

这些危险因素导致安全事故的发生，严重威胁着人民群众的生命安全和财产安全，也一定程度地影响着社会主义和谐社会的建设。因此，化工企业要全面实施化工安全管理，减少以及避免化工安全事故的发生。因而，化工企业必须对员工进行安全生产管理，提高其安全生产的意识与技能，从源头上减少以及避免安全事故的发生。

3. 化学工业对化工设备安全要求

化工设备的设计和制造除了依赖机械工程和材料工程的发展外，还与化学工艺和化学工程的发展紧密相关。化工产品的质量、产量和成本很大程度上取决于化工设备的完善程度，而化工设备本身的特点必须能适应化工过程中经常会遇到的高温、高压、高真空、超低压、易燃、易爆以及强腐蚀性等特殊条件。

化学工业要求化工设备具有以下特点：

具有连续运转的安全可靠性；在一定操作条件（如温度、压力等）下具有足够的机械强度；具有优良的耐腐蚀性能；密封性好；高效率和低能耗。

二、化工设备故障

1. 设备故障

设备故障，简单地说是一台装置（或其零部件）丧失了它应达到的设计功能。需要指出的是，传统的故障观念仅认为零部件的损坏是故障的根源，这种看法只适于简单机械，现代许多机械设备增加了控制部分（即信息及其执行系统，如自动控制阀门），形成了"人-机整体"，有些时候，设备的零部件完好无损，但也会发生故障，因此，故障观念也从微观发展到宏观。宏观故障观念认为，现代设备的故障源有零部件缺陷、零（元）件间的配合不协调、信息指令故障、人员误操作、输入异常（原材料、能源、电、汽、工质不合格等）和工作环境劣化等几大因素。

2. 化工设备的故障特性

由于不同的故障源因素，设备的实际故障（尤其是疑难故障）往往带有随机性和隐蔽性的特征。

（1）随机性　整台设备故障发生的随机性来源于设备部件故障的随机性、各零部件故障组合的随机性、材质和制造工艺的离散性、运行环境与工况的随机性以及维修状况的随机性。材质和制造工艺的优劣决定了部件对故障发生的影响程度，所以其离散性必然导致故障发生时刻和程度的随机性。运行环境与工况的随机性，导致即使完全相同的设备，其故障频率和使用寿命也会因承受的破坏因素强度不同而出现很大差异。

（2）隐蔽性　故障在时间上的演变是由潜伏期、发展期至破坏期，有一个从隐蔽到暴露的过程，最终被人们所觉察，但其初始原因往往难以发现。故障在空间上的蔓延也是由局部到整体，以致事故发生后，人们往往忽略了故障发生的根本原因。故障始发端在时间和空间上的隐蔽性给故障分析造成了很大困难，于是人们提出了故障寻因的阶段性问题和故障定位的层次性问题。

化工设备故障还可以分为可预防和不可预防两大类。若生产中可预防故障多，则说明设备的预防、维修、检修工作没有到位；若不可预防故障多，说明设备本身的可靠性差，设备设计存在基本问题。我们控制和降低设备的故障，主要从提高预防维修能力，增强设计制造水平，使设备满足设计可靠性两方面同时入手。

3. 化工设备故障发生规律

　　随着时间的变化，任何设备从安装、投入使用到退役，其故障发生的变化也遵循一定的规律。

　　设备故障率随时间推移的变化规律称为设备的典型故障率曲线，如图 4-1 所示，该曲线通常也被称为浴盆曲线。通过该曲线可以看出设备的故障率随时间的变化大致分为 3 个阶段：早期故障期、偶发故障期和耗损故障期。

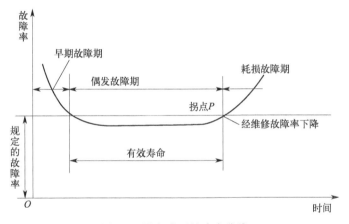

图 4-1　设备典型故障率曲线

　　（1）早期故障期　化工设备最初投入运行后，虽已经过技术鉴定和验收，但早期故障总是在不同时间反映出来，少则一个月，多则几个月，甚至一年。此阶段主要是设备安装调试过程至移交生产试用阶段。设备早期故障主要是由设计、制造上的缺陷，包装、运输中的损伤，安装不到位，使用工人操作不习惯或尚未全部熟练掌握其性能等原因所造成的。在实际生产中由于设计阶段设备布局不合理，可能导致设备有形磨损的加快发展而造成设备故障；与设备管嘴相连的管道布局不合理，造成加载在设备管嘴上的应力过大，致使设备产生疲劳破坏；有些时候因工艺布置上的问题使设备的工作性能和环境发生变化，也可导致设备严重损坏。

（2）偶发故障期　经过第一阶段的调试、试用后，设备的各部分机件进入正常磨损阶段，操作人员逐步掌握了设备的性能、原理和机构调整的特点，设备进入偶发故障期。在此期间故障率大致处于稳定状态，趋于定值，故障的发生是随机的。在偶发故障期内，设备的故障率最低，而且稳定。因而可以说，这是设备的最佳状态期或正常工作期，这个区段称为有效寿命。偶发故障期的故障，一般是由于设备使用不当与维修不力，工作条件（负荷、环境等）变化，或者由于材料缺陷、控制失灵、结构不合理等设计、制造上存在的问题所致。生产过程中，此阶段的故障多发生在易损件或该换而未及时更换的零部件上，因每台设备的密封件、轴承等磨损件都具有使用周期和寿命，运行中期的设备已逐步接近此项指标。经过停车检修而更换零部件之后，新换零件与现有部件不配套、不吻合，尚处在磨合期，或发生装配错误，也会导致设备故障，甚至带病运行；一味追求高产，长时间超负荷、超温、超压临界状态下工作，也是导致设备出故障的原因之一，有时还酿成设备事故。设备运行初期不易暴露的设备缺陷，经过一段时间运行后，有可能在运行中期暴露出来。

（3）耗损故障期　化工生产设备的运转后期进入了故障多发期，此阶段被称为耗损故障期。一方面各零部件因磨损、更换、检修、腐蚀逐步加剧而丧失功能；另一方面长期处于运行状态下的设备，各部位出现间隙和损耗，即使是不常维修的零件，也因老化和疲劳而运行效率降低，使设备故障率逐渐上升。这说明设备的一些零部件已到了使用寿命期，应采用不同的维修方式来阻止故障率的上升，延长设备的使用寿命，如在拐点 P 即耗损故障期开始处进行大修，可经济而有效地降低故障率。如果不大修继续使用，就可能造成设备事故。

第二节　化工设备监测、状态与故障诊断

一、化工设备监测与故障诊断

设备监测与故障诊断技术是在不停机的情况下，监测设备运行是否正常，如异常，则分析诊断异常的部位、原因、严重程度，预测其未来发展趋势，并提出针对性的操作和维修建议。它包括机电装备的运行状态和工况监测、故障诊断、

状态预测、维修决策、操作优化、指导改进机器及其设计等内容，是逐步改进设备维修方式，从事后维修和定时维修制度过渡到状态维修和预知维修制度的技术基础，已日益成为石化、冶金、电力等流程工业降低生产成本的重要手段。

故障诊断技术，可以在工作环境中，根据设备在运行中产生不同的信息去判断设备是在正常工作还是出现了异常，并根据设备给出的信息去判断产生故障的部位及故障产生的主要原因，同时可以做到预测设备的状态，简单来说，故障诊断技术的核心就是对设备状态的检测。故障诊断技术在对设备进行诊断时可大概分为：检测机械设备运行时的状态信息；从状态中分析设备是否正常；最后通过分析出的结果判断故障类型。在故障的判断上首先可以从故障事件中的原故障进行诊断，主要就是因为机械使用后不保养、不检测，不能有效地减少由故障带来的损失。其次在对故障的预防上，可以根据多年的工作经验总结出机械设备使用的注意事项，让新技工也可以做到有效地预防机械故障。最后在故障的分析上，要仔细认真地收集设备给出的信息，及时解决设备产生的故障。

现在，机械设备状态监测与故障诊断技术的发展变化，在各个领域中的广泛应用，以及在多种问题的诊断与解决上都已经有了明确的方法。但尽管这样，故障诊断技术不管是在理论知识上还是在技术的研究上，都还有一定的发展空间。新技术的发展，不仅要快也要尽可能地达到完美，不但要在应用中达到范围要求，也要在内容上更加丰富，使状态检测与故障保障可以结合得更紧密。

1. 监测诊断系统的方式

（1）离线监测与诊断系统　设备监测技术人员运用监测仪器设备，定期或不定期到设备现场采集设备运行状态信息，然后进行数据分析和处理。这类系统投资相对较低，且使用方便，适合于一般设备的监测诊断。但由于是非连续监测，难以及时避免突发性设备事故。

（2）在线监测与离线诊断系统　在设备上安装多个传感器，连续地采集设备运行状态信息，特别是设备状态出现异常时，应用"黑匣子"功能及时存储故障数据，再进行数据分析和诊断。因此这种方式不会丢失设备有用的故障信息。但是，对故障的分析和判断需要专业技术人员才能完成。

（3）在线监测与自动诊断系统　系统能够自动实现在线监测设备工作状况，在线进行数据处理和分析判断，并根据专家经验和有关诊断准则进行智能化的比较和判别，及时进行故障识别和预报。这种系统不需要专门的测试人员，也不需要很专业的诊断技术人员进行分析和诊断。但这类系统研制的技术含量高，特别是专家诊断经验的积累和验证具有相当大的难度。

2. 设备监测诊断技术

设备故障诊断学是融合了多种学科理论与方法的新兴的综合性学科，是数学、物理学、力学、化学、传感器及测试技术、电子学、信号处理、模式识别理论、计算机技术及人工智能、专家系统等学科的综合应用。当前设备故障诊断学主要集中在以下 4 个方面。

（1）故障机理的研究　故障机理，又称为故障机制，其研究主要是为了揭示故障的形成和发展规律。故障机理的研究包括了宏观研究、表面层状态变化研究和微观研究 3 个不同角度、不同层次上的研究。故障的发生、发展机制是外部因素和内在条件综合作用的结果。内在因素指的是元件或配合构件在运行过程中，所发生的各种自然现象，如磨损、腐蚀、应力变化等，是其自身耗损的因素。外部因素包括环境方面和使用方面的两大因素，环境因素主要有周围磨料的作用、气候状况、生物介质的作用和腐蚀作用等，使用因素主要有载荷状况、操作人员状况，以及使用、维护与管理的水平。对故障机理的研究目前主要是通过构建系统的物理仿真模型再加实验验证的方法来揭示故障的成因和发展规律。

（2）信号处理与特征提取方法的研究　信号处理与特征提取是故障诊断的关键环节，直接关系到故障诊断结果的准确性。信号处理的研究主要包括对信号的消噪、滤波以及对各类信号的分离等，特征提取的研究内容包括提出新的描述信号特性的表征方法，通过获取信号各种特征来展现事物发展的内在规律，进行趋势预测和状态评估等。最新的一些研究成果主要有短时傅里叶变换、经验模态分解、基于人工神经网络的自适应数字滤波、小波分析、全息谱等。随着非线性科学的迅速发展，近年来，分形与混沌、高阶统计量以及高阶谱分析等非线性方法不同程度地解决了传统方法的一些不足。运用非线性理论来进行信号处理与特征提取方法的研究，已成为设备故障诊断领域中重要的前沿课题。

（3）智能诊断方法和诊断策略的研究　诊断就是根据机器的特征来推断机器的状态。智能的故障诊断方法就是在传统诊断方法的基础上，将人工智能的理论和方法用于故障诊断，对设备的运行状态进行判别的一种智能化的诊断方法。具体包括模糊逻辑、专家系统、神经网络、进化计算方法、基于贝叶斯决策判据以及基于线性与非线性判别函数的模式识别方法、基于概率统计的时序模型诊断方法、基于距离判据的故障诊断方法、基于可靠性分析和故障分析的诊断方法、灰色系统诊断方法、基于支持向量机的故障诊断方法、基于智能主体的故障诊断方法等。

（4）智能仪器与故障诊断体系结构的研究　设备故障诊断的实现离不开诊断仪器与诊断系统，因此，功能齐备、操作简便、诊断准确的各种分析仪器和在线监测与诊断系统的研制开发一直是研究重点。目前，对智能仪器的研究方面主要有将人工智能方法、微型计算机技术、无线网络技术、通信技术等与振动信号监测技术、声学监测技术、红外测温技术、油液分析技术、无损检测技术等相结合的便携式数据采集器、分析与诊断仪等。对在线监测与诊断系统的研究主要有基于分布式远程故障诊断体系结构的研究、基于分布式故障诊断体系结构的研究、基于多智能体的故障诊断系统的研究、基于 SOAP/Web Service 技术的分布式故障诊断系统的研究、基于组态技术的故障诊断系统的研究等。

3. 设备监测与故障诊断技术在化工设备维护中的应用

先进的状态检测和故障诊断技术可以实时监测设备运行情况，第一时间发现设备故障原因所在，有利于及时解决设备故障，加长设备正常运行时间，提高化工生产的连续性，进而提高企业的收益。若在石油化工设备运行中，出现故障后不及时解决维护，就可能导致化工设备停止运行，造成巨额经济损失。因此，对状态监测和故障诊断技术在石油化工生产中的应用进行研究具有很大的现实意义。开展状态监测工作的模式有以下 4 种。

（1）操作人员日常点检　为及时发现故障、处理故障，操作人员平常都会做一些基本覆盖所有设备的点检工作，点检项目多而简单。至于点检频率，视化工设备重要程度及已损坏程度而定。一般极重要的、容易发生故障的设备每小时都要检查 1 次，次要的设备可每隔 4 个小时检查 1 次，剩下的可以每隔 8 小时检查 1 次。点检前，先由技术人员确定点检项目，以卡片的形式呈现，将卡片放在规定位置。点检时，操作人员依据卡片，按照一定的规范进行操作，认真记录点检结果。技术人员可以事先编制好点检记录，点检周期也可以体现在记录中。

（2）设备包机人对于设备卫生方面的点检　对于包机人的点检，内容较为单一，一般就是设备的清洁工作，但是这个工作特别烦琐，一定要有耐心。

（3）车间设备技术员定期点检　车间设备技术人员做点检计划，确定点检周期时，要参考自己负责的设备的重要程度，重要的设备点检周期短，次要的设备点检周期长。点检周期一般一天到半年不等。另外，为了进行更加深入的点检，可以将点检与年度检修结合起来。因为在年度检修时，会把设备分解，可以测量出具体的磨损参数，为今后设备故障后的维修提供重要依据。

（4）维修车间的精密点检　专业维修人员一般在总公司，虽然分公司缺乏专业维修人员，但是分公司有很多的设备。因此，维修车间只能针对性地对特定设备进行点检。维修车间精密点检的范围为在生产车间日常点检中发现的有故障以及有故障征兆的化工设备。点检人员使用先进的工具、精密的仪器，致力于判断设备是否有故障，并确定故障具体部位，便于故障的解决。点检大体有 3 种结果：设备无故障，可正常运行；设备有故障，但可暂时运行，这时应加大监测力度，择机检修；设备故障严重，需立即停车检修。

此外，维修车间应监测关键设备状态，便于第一时间发现故障征兆，奠定状态检修基础。

二、化工设备状态的诊断

化工设备在化工行业中的地位十分重要，并且现代的工业生产，其过程日趋大型化、精细化和集成化。一台正在运行着的化工设备，其整体实际上是一个极为复杂的系统。而当这个系统中的某个环节突然发生故障，如果不及时进行处理，那么就有可能引起整个运行系统的故障，并不断扩大，进而导致整个运行系统的重大事故的发生。因此，化工设备状态的诊断与分析已成为整个化工生产过程中极为关键的一环。

1. 化工设备状态诊断的作用

状态诊断就是利用现有的已知信息去认识那些含有不可知信息的系统的主要特性、状态，并分析它的发展趋势，在深入分析的基础上，对化工设备状态进行诊断，并对可能发生的故障做早期的预报，然后对未来的发展进行预测，对要采取的行动进行决策。化工设备状态诊断与分析的主要作用具体可分为以下 5 点。

（1）从设备运行特征的信号中，快速提取对状态诊断有用的运行信息，从而确定被检测设备的各项功能是否正常。

（2）根据运行设备的独有特征信号，进行故障内容的确定，并确定故障部位、形成程度和未来的发展趋势，进行深入的状态分析后作出执行操作的决策。

（3）对运行设备可能发生的故障，能够做出早期的预报，从而保障化工设备安全和可靠地运行，进而使化工设备发挥最大的效益。

（4）通过化工设备状态诊断与分析，能够评定化工设备的动态性能和前期的设备维修质量。

（5）对化工设备先前发生的故障进行及时、准确的状态检测，然后确定发生的原因，在分析基础上，快速决定进一步维修的措施。

2. 化工设备状态诊断主要技术

化工设备状态的诊断是通过对运行设备的运行状态进行检测，并对出现的异常设备故障进行快速分析诊断，从而给设备维修提供支持，提高企业经济效益。具体有以下 5 种技术。

（1）电子及计算技术　电子及计算技术能够保障化工设备状态的安全可靠运行，使化工设备发挥最大的效益。利用一些专用的仪器设备对新的信号进行拾取和分析，并根据不同设备独有的特征信号确定化工设备的故障内容，进行分析后，确定化工设备状态的分析结论，并进一步得出化工设备的处理方法，根据设备故障的部位、状态程度和未来发展趋势，作出操作决策。

（2）油液分析技术　机械零件失效的主要形式和原因有 3 种，即腐蚀、疲劳和磨损。而磨损失效约占机械零件失效故障的 50%，油液分析对机械零件磨损监测有较好的灵敏性和较高的有效性，所以，油液分析技术在化工机械设备状态监测和诊断中越来越重要。

（3）温测技术　温度与机器运行状态有密切的关系。以温度为指标的测试技术，非常适合进行在线测量。运用中，红外测温技术能够进行非接触式和远距离测试，所以现在运用越来越普遍，该技术在检测时可以直接读出测点温度的数值，因此，对设备利用温度进行诊断，可以快速见效。

（4）声振测试及其分析技术　对发生故障的设备，要能够及时和准确地确定发生故障的原因，机器设备运行状态的好坏与机器的振动有着很重要的联系。目前，声振测试是评定维修质量和设备的动态性能最好的技术，也是状态诊断和状态监测技术中应用最普遍的技术，并且已经取得了比较好的应用效果。

（5）无损检测技术　无损检测技术是独立的一种技术，如超声、射线、磁粉、着色渗透的表面裂纹的探伤，以及声发射探伤等技术。人们已越来越重视这些技术，用其对大型固定或运动装置进行监测和诊断。

3. 化工设备状态诊断方法

（1）化工设备状态诊断简易方法　简易诊断方法采用了便携式测振仪拾取信号，并直接由信号的参数或统计量组成指标，根据分析来判定设备是否正常。所以，简易诊断用在设备状态检测中，可作为再次精密诊断的基础。该方法简单易行、投资少、见效快，受到广泛的欢迎和重视。但是由于它的功能有限，同时受到简易诊断方法原理一定程度的制约，所以只能解决状态识别的初步问题，对于复杂情况的识别就不能很好地进行了。

（2）齿轮故障诊断突出问题　虽然现代设备多种多样，但齿轮传动有着结构紧凑、使用效率高、使用寿命长的优点，并且其工作具有可靠、维修方便的特点，所以在运动、动力传递、速度变更等方面得到了广泛的应用。但由于它特有的运行方式，也造成了两个突出的问题：

① 噪声和振动较其他的传递方式大。

② 当材质、制造工艺、装配、热处理等各个环节没达到理想的运行状态时，就会成为重要的诱发机器故障的因素。

因此，齿轮运行状态的诊断较为复杂。

第三节　化工设备腐蚀与防护

一、化工设备腐蚀分类

1. 根据腐蚀程度进行划分

（1）全部腐蚀　全部腐蚀是指腐蚀的程度很高，但是其危害相对较小，是在金属与具有腐蚀性的介质进行接触时，致使金属的整个表面或大面积产生均匀的腐蚀状态。一旦被腐蚀，金属会逐渐变薄，经过长时间的腐蚀后，该金属的承压能力会降低，致使管道与压力容器的安全性受到制约。在管道与压力容器中，全部腐蚀是最为常见的现象。全部腐蚀若呈现均匀的状态，其危害性相对较小，能够让工人提前感知，员工能够明确看到设备被腐蚀，会提高安全风险意识。

（2）局部腐蚀　局部腐蚀是指腐蚀现象主要发生在金属的一个区域，并未将整个金属面进行覆盖，其他区域可能会出现一定的腐蚀点或未腐蚀的情况。局部腐蚀与全部腐蚀相比，其蔓延的速度较快，具有突然性与突发性，平时很难发现，可能会导致更大的损失。通常情况下，局部腐蚀主要表现为冲蚀、缝隙性腐蚀、氢腐蚀等。

2. 根据腐蚀原理进行划分

（1）化学腐蚀　化学腐蚀是金属与相应的介质发生了化学反应，并产生了新的化学物质，此过程被称为化学腐蚀。需要注意的是化学腐蚀发生时，金属与介质发生反应时没有电流或电荷产生，例如 Mg 在甲醇中发生腐蚀的现象。同时，若化学设备的表面为非金属类材料，其在非电解质或电解质中都可发生化学腐蚀现象。

（2）电化学腐蚀　电化学腐蚀是金属与电解质溶液间发生反应，二者发生的反应为电化学反应，致使金属的本体受到严重的破坏。电化学腐蚀的产生，主要是阳极失电子、阴极得电子，进而会产生电子的流动，这是电化学腐蚀与化学腐蚀的主要区别。

二、金属腐蚀形态及腐蚀类型

金属的腐蚀形态是指金属材料腐蚀损伤后的表观形态，比如腐蚀坑和裂纹。即使金属的腐蚀机理相同，但若环境条件不同，其腐蚀形态也可能不同。腐蚀形态又称为金属腐蚀的破坏形式。

腐蚀形态是判断金属腐蚀类型的主要依据。金属腐蚀的破坏形式多种多样，一般而言，腐蚀都是从金属表面开始，而且伴随着腐蚀的进行，总会在金属表面留下一定的痕迹，即腐蚀的破坏形式。腐蚀形态与腐蚀类型存在着一一对应关系，根据金属腐蚀形态的特征可以判断出具体的腐蚀类型。实际腐蚀比较复杂，可能同时包括几种基本的腐蚀形态。扫描电镜可以直观地观察金属的腐蚀形态，是腐蚀形态分析的重要手段。腐蚀形态分析主要是观察蚀坑、裂纹和断口的特征。根据腐蚀形态判断腐蚀类型是腐蚀机理研究的重要步骤。

根据金属的腐蚀形态可以将金属腐蚀划分为不同的腐蚀类型，包括全面腐蚀和局部腐蚀两大类，如图4-2所示。全面腐蚀通常是均匀腐蚀，有时也表现为非均匀的腐蚀；局部腐蚀也包括若干腐蚀类型。

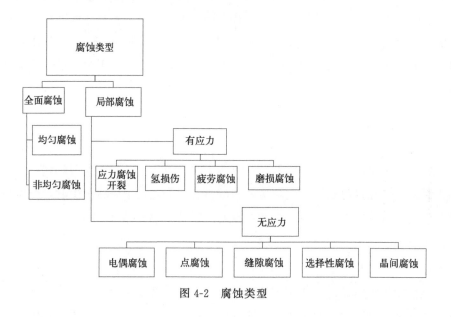

图4-2 腐蚀类型

1. 全面腐蚀

全面腐蚀是指发生在整个金属表面上或连成一片的腐蚀。按照金属表面各部分腐蚀速率的相对大小，全面腐蚀又可分为均匀腐蚀和非均匀腐蚀。全面腐蚀可造成金属的大量损失，但其危害性并不大。根据全面腐蚀的特点，设备设计时留出一定的腐蚀余量可以减少全面腐蚀的破坏。

2. 点腐蚀

点腐蚀是指金属表面某一局部区域出现向深处发展的小孔，而其他部位不腐蚀或只有轻微的腐蚀。点腐蚀多发生在表面生成钝化膜的金属材料上或表面有阴极性镀层的金属上。此类金属对含有卤素离子的溶液特别敏感。腐蚀孔一旦形成，大阴极小阳极的腐蚀电池会加速蚀坑向纵深处发展。点腐蚀的绝对腐蚀量并不大，但发生事故的概率很高。

3. 缝隙腐蚀

缝隙腐蚀是指在金属与金属，或金属与非金属之间形成特别小的缝隙（一般为 0.025～0.1mm），使缝隙内介质处于滞留状态，引起缝隙内发生腐蚀的金属腐蚀。由于工程中的缝隙大多数不能避免，所以缝隙腐蚀是一种很普遍的腐蚀现象。几乎所有的金属材料都会发生缝隙腐蚀，所有的腐蚀介质都可能引起金属的缝隙腐蚀。金属的抗缝隙腐蚀能力可用临界缝隙腐蚀温度评价。

4. 晶间腐蚀

晶间腐蚀是指金属材料在特定的介质中沿着材料的晶界产生的腐蚀，主要从表面开始，沿着晶界向内部发展，直至成为溃疡性腐蚀。晶间腐蚀的特点是金属表面无明显变化，但金属强度几乎完全丧失，失去清脆的金属声。通常用敲击金属材料的方法来检查。不锈钢、镍基合金、铅合金、镁合金等都是晶间腐蚀敏感性较高的材料。不同的材料在不同的介质中产生晶间腐蚀的机理不一样。最常见的是敏化态奥氏体不锈钢在氧化性或弱氧化性介质中发生的腐蚀。

5. 应力腐蚀开裂

应力腐蚀开裂是指金属材料在拉应力和特定介质的共同作用下引起的腐蚀破裂。应力腐蚀开裂的特点是在金属局部区域出现从表及里的腐蚀裂纹，裂纹的形式有穿晶型、沿晶型和混合型 3 种。破裂口呈现脆性断裂的特征。其种类很多，如碳钢和低合金钢的碱脆、硝脆、氨脆、氯脆和硫化物应力开裂。机理主要包括阳极溶解型（阳极溶解型又称为滑移溶解断裂）和氢致开裂型。

6. 电偶腐蚀

电偶腐蚀是具有不同电极电位的金属相互接触，并在一定的介质中所发生的电化学腐蚀。

7. 磨损腐蚀

磨损腐蚀是腐蚀性流体和金属表面间的相对运动，引起金属的加速磨损和破坏。一般这种运动的速度很高，同时还包括机械磨耗和磨损作用。

还有其他的局部腐蚀，如选择性腐蚀等。

三、工程实际中的防腐蚀措施

1. 电化学保护

电化学保护分为阴极保护法和阳极保护法。阴极保护法是最常用的保护方法，又分为外加电流和牺牲阳极。其原理是向被保护金属补充大量的电子，使其产生阴极极化，以消除局部的阳极溶解。适用于能导电的、易发生阴极极化且结构不太复杂的体系，广泛用于地下管道、港湾码头设施和海上平台等金属构件的防护。

阳极保护法的原理是利用外加阳极极化电流使金属处于稳定的钝态。阳极保护法只适用于具有活化-钝化转变的金属在氧化性介质（如硫酸、有机酸）中的腐蚀防护。在含有吸附性卤素离子的介质环境中，阳极保护法是一种危险的保护方法，容易引起点蚀。在建筑工程中，地沟内的金属管道在进出建筑物处应与防雷电感应的接地装置相连，不仅可实现防雷保护，而且通过外加正极电源，还可实现阳极保护而防腐。

2. 研制开发新的耐腐蚀材料

解决金属腐蚀问题最根本的出路是研制开发新的耐腐蚀材料（如特种合金、新型陶瓷、复合材料等）来取代易腐蚀的金属。制备方法差别较大，但其宗旨是改变金属内部结构，提高材料本身的耐蚀性，例如，在某些活性金属中掺入微量析氢过电位较低的钯、铂等，利用电偶腐蚀可以加速基体金属表面钝化，使合金耐蚀性增强。化工厂的反应罐、输液管道，用钛钢复合材料来替代不锈钢，使用寿命可大大延长。

3. 缓蚀剂法

缓蚀剂法是向介质中添加少量能够降低腐蚀速率的物质以保护金属。其原理是改变易被腐蚀金属表面的状态或者起负催化剂的作用，使阳极（或阴极）反应的活化能力增高。由于使用方便、投资少、收效快，缓蚀剂防腐蚀已广泛用于石油、化工、钢铁、机械等行业，成为十分重要的腐蚀防护手段。

4. 金属表面处理

金属表面处理是在金属接触环境使用之前先经表面预处理，用以提高材料的耐腐蚀能力。例如，钢铁部件先用钝化剂或成膜剂（铬酸盐、磷酸盐等）处理后，其表面生成了稳定、致密的钝化膜，抗蚀性能因而显著增加。

5. 金属表面覆盖层

金属表面覆盖层包含无机涂层和金属镀层，其目的是将金属基体与腐蚀介质隔离开，阻止腐蚀过程的产生和发展，达到防腐蚀效果。常见的非金属涂层有油漆、塑料、陶瓷、矿物性油脂等。搪瓷涂层因有极好的耐腐蚀性能而广泛用于石油化工、医药、仪器等工业部门和日常生活用品中。

四、现代化工设备的腐蚀防护技术应用

1. 严格控制设备的构成材料

化工设备大都比较昂贵，且体积大，开展化工生产与加工对密封性要求高，否则会由于密封性差而导致毒气或有害气体泄漏，带来严重的危害。因此，为了提升化工设备使用的安全性，应严格控制设备的制作材料，对该设备所处的工作环境进行调查与分析，对该环境中可能导致设备被腐蚀的现象予以分析，选择合适的防腐材料，达到防止或减轻腐蚀的目的。

材料的选择过程非常关键，在选材时必须及时了解材料的抗腐蚀性能、力学性能、物理性能等，利于保证设备的使用质量与年限，同时还能保证化工产品的安全性，进而提高经济效益。

2. 强化对设备结构的控制

若想达到防护的效果，避免设备被腐蚀的情况，应强化对设备结构的有效控制，优化结构设计，前期必须具备防腐意识。例如，在结构设计中，必须设置腐蚀的余量，要设置简单的结构模式，禁止残留物或液体被腐蚀，进而有效避免缝隙的产生，降低腐蚀的发生概率。同时，在结构设计中，应避免发生冲蚀腐蚀现象，禁止出现应力集中的情况，强化对设备的有效防护，以增强其抗

腐蚀性。

3. 实施先进的表面处理技术

一般情况下，腐蚀发生都是由刚刚接触的表面所产生的，表面金属材料与相应的介质发生反应而造成腐蚀现象的发生，必须采用先进的表面处理技术，以达到设备防护的效果。应使用表面改性技术、涂层镀层技术来对表面进行规范性的处理，若设备外表面材料极易受到腐蚀，应对材料的性质予以改善，并让材料具备良好的力学、化学和物理学性能，增强设备表面的硬度、高疲劳强度和抗腐蚀性，进而保证设备不会被腐蚀，延长设备的使用寿命。通过涂层保护的方式，能让设备的敏感性金属材料与外部介质隔离，大大增强设备的抗腐蚀性，进而保证设备的运行质量，保证化工产品的应用质量。在防腐工程施工时，涂层材料必须具有高度的抗腐蚀性，且基本材料要具有很强的附着性，表面要具有高度的均匀性，厚度一致，整个外涂层表面要保持完整，其孔隙要较小。工作人员应及时对设备所接触的腐蚀性环境予以了解，进而将各项要素与条件考虑其中，以达到良好的防腐效果。

同时，还应对腐蚀环境下介质、pH 值、温度、压力和流速等因素予以全面考量，进而提高化学设备的抗腐蚀性能，降低化工企业由于腐蚀而产生的额外支出。

第四节　化工安全的 CFD 预测

1910～1917 年，英国气象学家 L. F. Richardson 通过用有限差分法迭代求解 Laplace 方程的方法来计算圆柱绕流和大气流动，试图以此来预报天气。尽管他的方法失败了，但现在国际上一般认为，他的工作标志着计算流体动力学（Computational Fluid Dynamics，CFD）的诞生。计算流体动力学是流体力学的一个分支，是流体力学、数值数学和计算机科学结合的产物，是一门具有强大生命力的边缘科学。其以电子计算机为工具，应用各种离散化的数学方法，对流体力学的各类问题进行数值实验、计算机模拟和分析研究，以解决各种实际问题。

一、 CFD 在化学工程中的应用

1. 搅拌槽反应器

搅拌槽由于其内部流动的复杂性，搅拌混合目前尚未形成完善的理论体系，对搅拌槽等混合设备的放大设计，经验成分往往多于理论计算。在工业生产中，特别是快速反应体系或高黏度非牛顿物系，工业规模的反应器存在不同程度的非均匀性，随着规模的增大，这种非均匀性更加严重，经验放大设计方法的可靠性受到前所未有的挑战，因此对搅拌槽内部流场有必要进行更深入的研究。自从 Harvey 等用计算机对搅拌槽内的流场进行二维模拟以来，近年来利用 CFD 的方法研究搅拌槽内的流场发展很快，利用这种方法不仅可以节省大量的研究经费，而且还可以获得通过实验手段所不能得到的数据。结合 CFD 软件 FLUENT，杨锋苓等模拟了自行研发并组装的摆动式搅拌反应器的流场结构，研究结果表明反应器内的流场为充分运动的湍流，并且他还发现摆动式搅拌为径向流搅拌。

刘作华等采用 MRF 方法，结合 FLUENT 软件分别计算了刚柔组合搅拌桨和刚性搅拌桨的流场结构，对比发现，刚柔组合搅拌桨可以减少槽底附近的"死区"范围，有利于流体的充分混合。

2. 换热器

换热设备在化学工程中被广泛使用，详细、准确地预测壳程的流动、传热特性对设计经济和可靠的换热器以及评价现有管壳式换热器的性能十分重要。针对管壳式换热器几何结构复杂，流动和传热的影响因素很多等特点，运用 CFD 对管壳式换热器的壳侧流场进行计算机模拟，可以对其他方法难以掌握的壳侧瞬态的温度场和速度场有所了解，利于换热器的机理分析和结构优化。国内外学者对换热器内流体流动的 CFD 模拟进行了一些研究。熊智强等利用 CFD 技术对管壳式换热器弓形折流板附近流场进行了数值模拟，发现在弓形折流板背面，有部分区域的流速较低，一定程度上存在着流动死区，采用在弓形折流板上开孔的方法后，CFD 计算结果显示其传热效率提高了 5.4%，壳侧压降减小了 7.3%。管壳式换热器中流体流动一般为湍流，且实际应用的管壳式换热器中管的数量大，从而给计算增加了难度。目前关于管壳式换热器壳程流动大多数是采用二维或三维单相研究方法，而三维两相或多相的 CFD 模拟方面的工作还比较少。

3. 精馏塔

CFD 已成为研究精馏塔内气液两相流动和传质的重要工具，通过 CFD 模拟可获得塔内气液两相微观的流动状况。在板式塔板上的气液传质方面，Vitankar 等应用低雷诺数的模型对鼓泡塔反应器的持液量和速度分布进行了模拟，在塔气相负荷、塔径、塔高和气液系统的参数大范围变化的情况下，模拟结果和现实的数据能够较好地吻合。

Vivek 等以欧拉-欧拉方法为基础，充分考虑了塔壁对塔内流体的影响，用 CFD 商用软件 FLUENT 模拟计算了矩形鼓泡塔内气液相的分散性能，以及气泡数量、大小和气相速度之间的关系，取得了很好的效果。

4. 燃烧反应器

CFD 也在各种燃烧系统中得到了广泛应用。CFD 可以模拟出燃烧过程中的各种状态参数，加深了人们对燃烧器燃烧过程的理解，从而实现优化燃烧反应器，甚至可以控制污染物排放量。在煤粉锅炉燃烧方面，Belosevic 等以欧拉-拉格朗日方法为基础，选择 A-e 模型对 210MW 切向燃烧煤粉炉炉内过程进行了三维 CFD 数值模拟，成功地预测了炉内燃烧过程的主要操作参数，预测到的火焰温度和燃烧程度能与实验数据较好地吻合，从而推动了 CFD 在燃烧中的应用。在发展低污染燃烧技术燃烧器方面，冯良等利用 CFD 软件对浓淡式燃气燃烧器进行了燃烧模拟研究，形成温度场、各组分浓度场等状态参数，提出了设计 NO_x 燃气燃烧器的方法，达到了降低氮氧化合物排放的目的。

5. 生化反应器

CFD 也是生化反应器模拟研究的重要手段。生化反应器主要包括搅拌式生化反应器和气升式环流反应器，CFD 的应用可以获取反应器中的速度场、温度场、浓度场等详细的信息，对生化反应器的设计、放大、优化和混合传质的基础研究有重要意义。

Lapin 等利用欧拉方法在生化反应器中对大量大肠杆菌的搅拌混合湍动进行

了 CFD 数值模拟。通过大肠杆菌对谷氨酸的利用，可以知道搅拌生化反应器里的混合情况，CFD 数值模拟结果表明生化反应器顶部谷氨酸的浓度达到最高，底部谷氨酸的浓度几乎为零，说明生化反应器搅拌混合不够好，这与实验数据相一致。沈荣春等使用欧拉-欧拉方法对导流筒结构对气升式环流反应器内气液两相流动进行了数值模拟。模拟结果表明，导流筒上部增加喇叭口可有效提高反应器的气液分离能力，喇叭口直径增大，气液分离效果增强；导流筒直径增大，液相混合效果增强；随导流筒在反应器内的位置升高，液相表观速度和液相循环量呈增加的趋势并趋于稳定，气含率则变化不大。

目前，应用 CFD 技术对搅拌反应器中单相流的模拟基本成熟，多相流的模拟也已经有很多方面的研究，但是模拟的结果还与实际结果有一定的偏差。

二、集气站高含硫天然气泄漏 CFD 预测

集气站场是天然气开发、集输系统中的重要环节，是连接上下游的枢纽。它的主要作用是收集气源，进行净化处理、压缩传输、计量等。集气站中的工作人员相对较为集中，站场内动、静设备众多，管汇密集，设备压力级别高，风险等级也相对较高，站场内一旦发生泄漏，后果不堪设想。有必要针对典型站场开展仿真模型建立、泄漏模拟、气体扩散后果预测等研究。

三、池火灾的 CFD 预测

在石油化工行业的各种事故灾害中，比较常见的是火灾事故，而其中池火灾事故最为典型。池火灾一般是指可燃液体泄漏或者易熔可燃固体熔融后遇到点火源成为固定形状或者不定形状的液池火灾，其对周围环境的主要伤害为热辐射作用。池火灾的直接影响面积与蒸气爆炸、气云爆炸相比较小，但其燃烧的火焰对设备的直接作用以及产生的热辐射对生产设备或储罐的影响都有可能引发二次事故，导致大面积的火灾爆炸事故发生。通过建立经验公式来描述池火灾的发生发展过程，对比数值模拟结果对池火灾的预防有很重要的意义。

对于常风情况下池火灾的模拟，在空气边界入口处的风速可以设为 5m/s，主要考虑的因素是便于观察流场的变化。

第五节　大数据时代的化工安全预测

大数据，或者称巨量资料，是指那些已经超过传统数据库处理能力的数据，可以说它的结构并不适合原本的传统数据库，并且对传输的速度和数据规模有很高的要求。大数据的核心就是预测，通常被视为人工智能的一部分，或者说被视为一种机器学习，它把数学算法运用到海量的数据上来预测事情发生的可能性。大数据的发展为海量事故数据提供了有效的分析工具，通过对海量安全生产事故数据进行分析，查找事故发生的季节性、周期性、关联性等规律特征，从而找出事故根源，能够有针对性地制订预防方案，提升源头治理能力，降低安全生产事故发生的可能性。

一、大数据给安全生产带来的变革

近年来，我国化工企业在安全生产、环境保护、职业防护等方面做出了很多的努力，但仍面临着诸多困境：企业的安全生产隐患排查工作主要靠人力，通过人的专业知识去发现生产中存在的安全隐患，这种方式易受到主观因素影响，且很难界定安全与危险状态，可靠性差；由于缺少有效的分析工具和对事故规律的认识，导致我国对于安全生产主要采取"事后管理"的方式，在事故发生后才分析事故原因，追究事故责任，制订防治措施，这种方式存在很大局限性，不能达到从源头上防止事故的目的；信息公开力度还不够，特别是安全监管信息的公开……这些问题仅仅凭借人和制度的管理难以解决，必须不断加强企业信息化建设，加强海量数据分析工具的开发和利用，进一步释放大数据价值。

以"数据开放"理念引领企业创新活动的开展。开放数据，可以完善安全生产事故追责制度。一方面可以释放出事故取证、事故资料、责任认定等相关资料，另一方面可以提高对企业监管的力度。通过数据挖掘，建立安全生产舆情大数据分析模型，实现关联结果分析、趋势预判分析、模型预测分析。通过应用海量数据库，建立计算机大数据模型，可以对生产过程中的多个参数进行分析比对，从而有效地界定事物状态是否构成安全隐患，及时准确地发现事故隐患，提升排查治理能力。

二、大数据+ 互联网给安全生产带来的变革

2015 年 8 月，国务院印发《促进大数据发展行动纲要》，在《纲要》中提出的大数据发展与"提升政府治理能力现代化"紧密相连的思路，受到了社会各界的关注。

在《纲要》中，大数据被明确为国家基础性战略资源，要求坚持创新驱动发展，加快大数据部署，深化大数据应用。这已成为稳增长、促改革、调结构、惠民生和推动政府治理能力现代化的内在需要和必然选择。在中国推动大数据发展的图景中，要依托大数据打造精准治理、多方协作的社会治理新模式。大数据、智能化、移动互联、云计算成为驱动中国经济社会转型进步的重要力量。而大数据技术这一几乎横跨所有社会经济领域的技术变革，无疑会给中国带来更多的改变。

这对于安全生产来说是一次机遇，也是一次挑战。安全生产是走新型工业化道路的重要内容。当前，我国工业尚处于重化工业阶段和工业化中期，是生产安全事故的易发期和高发期。我国化工安全生产的形势比较严峻，安全生产的基础能力建设仍然比较薄弱，企业安全水平急需提高。利用云计算、互联网、大数据等新一代技术以及"互联网"思维和模式，提升化工企业安全动态预警能力，就显得非常迫切和必要。

化工安全动态预警能力的建设关键在于在线监控预警技术的研发。通过对典型化工装备火灾、爆炸、泄漏等重大事故模式的早期特性及其成灾演化过程的研究，揭示事故早期特性，提取相应事故特征指标，建立事故危险性判别预警准则。同时，提出各类事故早期特征指标的监测方法与技术，分别建立基于事故以及事故链的检测预警理论与方法，开发典型事故实时在线检测方法与技术，构建并完善典型化工装备早期事故监测预警系统与理论技术体系。因此，研发基于互联网、大数据的典型危险工艺反应单元、化工园区在线监测预警技术和关键信息采集传输技术及装备，可保障化工安全生产的平稳运行，提升事故防控能力和本质安全化水平。

同时，按照"互联网"思维方法和模式（图 4-3），针对化工企业安全监管

和预警现状，研发行业实用的、基于云计算与物联融合技术的大数据服务平台，为化工安全生产提供技术支撑。

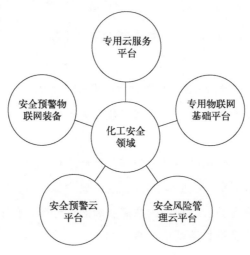

图 4-3   "大数据＋互联网"效果展示体系构成

第五章
压力容器的安全技术

压力容器被广泛应用于各个工业部门，在国民经济中占有重要地位。在化学工业和石化企业中，几乎每一个工艺过程都离不开压力容器，其是化工生产中的主要设备。

第一节　压力容器安全研究

一、压力容器概述

1. 压力容器的定义

根据《特种设备安全监察条例》的规定，压力容器是指盛装气体或者液体，承载一定压力的密闭设备，其范围规定为最高工作压力大于或者等于 0.1MPa（表压），且压力与容积的乘积大于或者等于 2.5MPa·L 的气体、液化气体和最高工作温度高于或者等于标准沸点的液体的固定式容器和移动式容器；盛装公称工作压力大于或者等于 0.2MPa（表压），且压力与容积的乘积大于或者等于 1.0MPa·L 的气体、液化气体和标准沸点等于或者低于 60℃ 液体的气瓶；氧舱等。

根据 TSG 21—2016《固定式压力容器安全技术监察规程》的规定，简单压力容器应同时满足以下条件：①压力容器由筒体和平盖、凸形封头（不包括球冠形封头），或者由两个凸形封头组成；②筒体、封头和接管等主要受压元件的材料为碳素钢、奥氏体不锈钢或者 Q345R；③设计压力小于或者等于 1.6MPa；④容积小于或者等于 1m^3；⑤工作压力与容积的乘积小于或者等于 1MPa·m^3；⑥介质为空气、氮气、二氧化碳、惰性气体、医用蒸馏水蒸发而成的蒸汽或者上述气（汽）体的混合气体，允许介质中含有不足以改变介质特性的油等成分，并且不影响介质与材料的相容性；⑦设计温度大于或者等于 -20℃，最高工作温度小于或者等于 150℃；⑧非直接受火焰加热的焊接压力容器（当内直径小于或者等于 550mm 时允许采用平盖螺栓连接）。

根据 TSG 21—2016《固定式压力容器安全技术监察规程》的规定，固定式压力容器是指安装在固定位置，或者仅在使用单位内部区域使用的压力容器，应同时具备下列条件：

（1）最高工作压力大于或者等于 0.1MPa（表压，不含液体静压力）；

（2）容积大于或者等于0.03m³并且内直径（非圆形截面指截面内边界最大几何尺寸）大于或者等于150mm；

（3）盛装介质为气体、液化气体以及最高工作温度高于或者等于标准沸点的液体。

2. 压力容器的分类

根据不同的要求，压力容器可以有多种分类方法。例如，按容器壁厚可分为薄壁容器和厚壁容器；按壳体承压的方式可分为内压容器和外压容器；按容器的工作壁温可分为高温容器、常温容器和低温容器；按壳体的几何形状可分为球形容器、圆筒形容器等；按容器的制造方法可分为焊接容器、锻造容器、铸造容器等；按制造材料可分为钢制容器、有色金属容器和非金属容器。

从压力容器的使用特点和安全管理方面考虑，压力容器一般分为固定式和移动式两大类（图5-1）。这两类容器由于使用方法不同，对它们的技术管理要求也不完全一样。

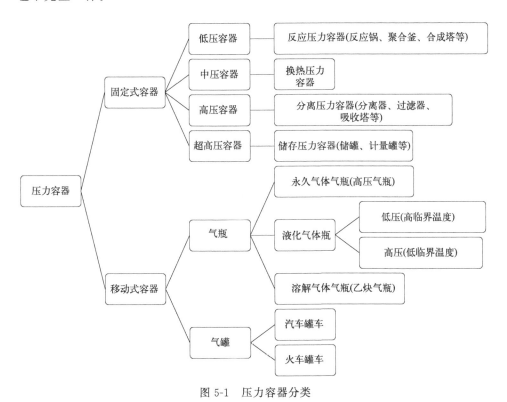

图5-1　压力容器分类

(1) 固定式容器　固定式容器是指除了用于运输储存气体的盛装容器以外的所有容器。这类容器有固定的安装和使用地点，工艺条件和使用操作人员也比较固定，容器一般不是单独装设，而是用管道与其他设备相连接。固定式容器还可以按它的压力和用途进行分类。

① 压力是压力容器最主要的一个工作参数。从安全角度考虑，容器工作压力越大，发生爆炸事故时的危害也越大。因此，必须对其设计压力进行分级，以便对压力容器进行分级管理与监督。根据现行《固定式压力容器安全技术监察规程》，按压力容器的设计压力（p）可划分为低压、中压、高压、超高压四个等级，具体的划分标准如下：

a. 低压（代号 L）　　　　0.1MPa$\leqslant p<$1.6MPa

b. 中压（代号 M）　　　　1.6MPa$\leqslant p<$10MPa

c. 高压（代号 H）　　　　10MPa$\leqslant p<$100MPa

d. 超高压（代号 U）　　　100MPa$\leqslant p<$1000MPa

压力容器的设计压力在以上四个压力等级范围内的分别称作低压容器、中压容器、高压容器、超高压容器。

② 按压力容器在生产工艺过程中的作用原理，分为反应压力容器、换热压力容器、分离压力容器、储存压力容器。具体划分如下。

a. 反应压力容器（代号 R）：主要用来完成物料的化学转化，为工作介质提供一个进行化学反应的密闭空间。容器内的压力有的是从器外产生的，这种反应容器多数是因为介质的反应需要在较高压力的情况才能很好完成，或者是需要通过增大压力来加速化学反应，提高生产效率和设备利用率，因而要在器内维持一定的压力。这种反应容器的工艺过程一般是连续的，压力比较稳定，没有频繁的压力或温度的周期性变动。也有的反应容器，工作介质在器内发生体积增大的化学反应或放热反应，这样的反应容器有间歇式或半间歇式的，因此容器的压力和温度都有较频繁的周期性变动。

常用的反应压力容器有反应锅、聚合釜、合成塔等。

b. 换热压力容器（代号 E）：主要用来完成物料和介质间的热量交换。换热容器的形式很多，就传热方式来分，可以有蓄热式、直接式和间接式三种。

蓄热式换热器内装有热容量较大的填充物，高温介质与低温介质交替从容器内通过，热量由高温介质传给器内的填充物，再由填充物传给低温介质。这种换热器效率很低，在压力容器中应用较少。

直接式换热器是将两种换热的介质在器内直接接触，热量由高温介质直接传给低温介质，使其中的一种介质被加热，另一种介质被冷却。这种换热器的效率一般较高，但只适用于两种介质不会互相混合或允许相互掺和的场合。

间接式换热器是参与换热的两种介质在容器内被分隔开而不能相互接触，热量的交换是通过它们之间的传热壁间接进行。按传热壁的结构，可分为两大类，即管式换热器和板式换热器。管式换热器有蛇管式、列管式、排管淋洒式等。列管式换热器是使用得最普遍的一种换热压力容器。

常用的换热压力容器有热交换器、冷却器、加热器等。

c. 分离压力容器（代号 S）：主要用来完成物料的流体压力平衡和气体净化分离等。这种容器是通过降低流速、改变流动方向或用其他物料吸收、溶解等方法分离出气体中的混合物，来净化气体或提取回收杂质中的有用物料。在分离容器中，主要介质不参与化学反应，压力都是来自器外。这种容器的名称较多，一般是按它们在各个生产工艺过程中的目的，或所用的净化分离方法来命名。按容器的作用命名，可以有分离器、回收塔等；按所用的分离方法命名，有吸收塔、过滤器、洗涤塔等。

d. 储存压力容器（代号 C，其中球罐代号 B）：主要用来完成流体物料的盛装、储存或运输。由于工作介质在器内一般不发生化学或物理性质的变化，不需要装设供传热或传质用的内部工艺装置，一般只有一个壳体和出入口接管以及外部一些必要的附件（如支座、扶梯等），如储罐和罐车等。

③ 按危险性和危害性分类。为有利于安全技术管理和监督，压力容器可以根据容器的压力等级、介质毒性危害程度以及在生产过程中的作用分为三类。

a. 一类压力容器。包括非易燃或无毒介质的低压容器；易燃或有毒介质的低压分离容器和换热容器。

b. 二类压力容器。包括任何介质的中压容器；易燃介质或毒性程度为中度危害介质的低压反应容器和储存容器；毒性程度为极度和高度危害介质的低压容器；低压管壳式余热锅炉；搪瓷玻璃压力容器。

c. 三类压力容器。包括毒性程度为极度和高度危害介质的中压容器和 pV（设计压力×容积）$\geqslant 0.2\text{MPa} \cdot \text{m}^3$ 的低压容器；易燃或毒性程度为中度危害介质且 $pV \geqslant 0.5\text{MPa} \cdot \text{m}^3$ 的中压反应容器；$pV \geqslant 10\text{MPa} \cdot \text{m}^3$ 的中压储存容器；高压、中压管壳式余热锅炉；高压容器。

（2）移动式容器　移动式压力容器属于储运容器，它与储存容器的区别在于移动式压力容器没有固定的使用地点，一般也没有专职的使用操作人员，使用环境经常变化，不确定因素较多，管理复杂，因此容易发生事故。它的主要用途是盛装或运送有压力的气体或液化气体。容器在气体制造厂充气，然后运送到用气单位。移动式压力容器按其容积大小及结构形状可以分为气瓶和槽（罐）车两大类。

① 气瓶是使用得最为普遍的一种移动式容器。它的容积较小，一般都在200L以下，常用的约为40L。气瓶的两端不相对称，分头部和底部，头部缩颈收口装阀，整体形状如瓶，因此得名。

按气瓶盛装气体的特性、用途或结构形式分为永久气体气瓶、液化气体气瓶、溶解气体气瓶和其他气瓶（混合气体的无缝、焊接气瓶和特种气瓶）等。根据气温情况和实际使用情况，我国的《气瓶安全监察规定》规定的气瓶适用条件为正常环境温度为$-40\sim60℃$，公称工作压力大于或等于0.2MPa（表压）。

② 槽（罐）车，是固定安装在流动的车架上的一种卧式储槽（罐），有火车槽车和汽车槽车两种。它的容积较大，常达数十立方米。槽车的主要功能是运输液化气体。它的直径很大，一般不宜承受太高的压力，所以它在常温下限于充装低压液化气体，或在外壳加绝热层的低温条件下充装在常温区属于高压液化气体的介质。

（3）压力容器安全运行基本条件　压力容器是在特殊条件下运行的特种设备，其安全可靠性是设计、制造中的关键。为了使压力容器能在确保安全的前提下长期有效地运行，压力容器应满足以下几个方面的要求。

① 强度。强度是指容器在外力作用下不失效和不被破坏的能力。压力容器的受压元件都应有足够的强度，以保证在压力、温度和其他外载荷作用下不发生塑性变形、破裂或爆炸等事故。

② 刚度。刚度是指容器在外力作用下保持原来形状的能力。与强度不同，容器或容器的部件往往不会由于强度不足发生破裂，但会由于过大的变形而丧失正常的工作能力，如容器及管道的法兰，由于刚度不足产生翘曲变形而发生密封泄漏，使密封失效。

③ 稳定性。稳定性是容器在外力作用下保持其几何形状不发生突然改变的性能，如外压作用下薄壁圆筒可能会被突然压瘪而失稳。

④ 密封性。压力容器往往盛装一些易燃、易爆或有毒的介质，一旦泄漏，不仅会对环境带来污染，还可能引起财产的损失和人员伤亡，因而对其密封性能的要求至关重要，如搅拌反应釜搅拌轴处的轴封。

⑤ 使用寿命。压力容器的设计使用年限一般为10～15年，对于高压容器等重要的容器，设计使用年限可为20年。容器的设计使用年限与其实际使用年限

是不同的，如果操作使用得当，检验维修得好，则实际使用年限可能会比设计使用年限长得多。压力容器的使用年限主要取决于容器的腐蚀、疲劳和磨损等。

⑥ 便于制造与维修。压力容器的结构应便于制造、安装和检查，以保证容器安全运行。例如，采用标准化的零部件、设置尺寸适宜的人孔和检查孔。此外，容器的外形和尺寸上还应考虑运输的方便。

二、压力容器的失效、安全管理和定期检验

1. 压力容器的失效形式

压力容器或其承压部件在使用过程中，其尺寸、形状或材料性能会发生改变而完全失去或不能良好地实现原定的功能，或在继续使用过程中失去可靠性和安全性，因而需要立即停用进行修理或更换，称为压力容器或其承压部件的失效。压力容器最常见的失效形式是破裂失效。破裂有韧性破裂、脆性破裂、疲劳破裂、应力腐蚀破裂、压力冲击破裂和蠕变破裂。

（1）韧性破裂　韧性破裂是容器在压力作用下，器壁上产生的应力达到材料的强度极限，使壳体产生较大的塑性变形，最终导致破裂。

韧性破裂的特征主要表现如下。

① 破裂容器器壁有明显的伸长变形。

韧性破裂是金属在经过大量的塑性变形后发生的。表现在容器的周长增大和器壁减薄。所以具有明显的外形变化是压力容器韧性破裂的主要特征。

② 断口呈暗灰色纤维状，不齐平。

碳钢或低合金钢韧性断裂时，由于显微空洞的形成、长大和聚集，所以最后成为锯齿形的纤维状断口。这种断裂形式多数属于穿晶断裂，即裂纹发展所取的途径是穿过晶粒的，因此，断口没有闪烁的金属光泽而呈暗灰色。由于这种断裂是先滑移而后断裂，所以它的断裂方式一般是切断，即断裂的宏观表面平行于最大切应力方向而与拉应力成45°角。圆筒形容器纵向裂开时，其破裂面常与半径方向成一角度，即裂口是斜断的。

③ 一般不产生碎片，而只是在中部裂开一个形状为"工"的口。

韧性破裂的容器，破裂方式一般不是碎裂，即不产生碎片，而只是裂开一个口。壁厚比较均匀的圆筒形容器，常常是在中部裂开一个形状为"工"的口。至于裂口的大小则与容器爆破时所释放的能量有关。储装一般液体（例如水）时，

则因液体膨胀能量较小，容器破裂的缝口也较窄，最大的开裂宽度一般也不会超过容器的半径。储装气体时，则因压缩气体的膨胀能量较大，裂口也较宽。特别是装液化气体的容器，破裂以后由于器内压力瞬时下降，液化气体迅即蒸发，产生大量蒸气，使容器的裂口不断扩大。

(2) 脆性破裂　脆性破裂是容器在没有明显的塑性变形的情况下突然破裂，根据破裂时的压力计算，器壁的平均应力远远低于材料的强度极限，有的甚至还低于屈服极限。

脆性破裂的特征如下。

① 容器器壁没有明显的伸长变形。

脆性破裂的容器一般都没有明显的伸长变形，许多在水压试验时脆裂的容器，其试验压力与容积增量的关系在破裂前基本还是线性关系，即容器的容积变形还是处于弹性状态。有些脆裂成多块的容器，其周长往往与原有的周长相同或变化甚微，容器的壁厚一般也没有减薄。

② 裂口齐平、断口呈金属光泽的结晶状。

脆性破裂一般是正应力引起的解理断裂，所以裂口齐平，并与主应力方向垂直。容器脆断的纵缝，裂口与器壁表面垂直，环向脆断时，裂口与容器的中心线相垂直。又因为脆断往往是晶界断裂，所以断口形貌呈闪烁金属光泽的结晶状。

③ 容器常破裂成碎块。

由于脆性破裂的容器材料韧性较差，而且脆断的过程又是裂纹迅速扩展的过程，破裂往往都是在一瞬间发生，容器内的压力难以通过一个小裂口释放，所以脆性破裂的容器常裂成碎块，且常有碎片飞出。即使在水压试验时爆破，器内液体的膨胀能量并不大，也经常要产生碎片。

④ 破裂事故多数在温度较低的情况下发生。

发生脆性破裂的主要原因是低温、材料韧性差，或者由于容器本身存在缺陷造成局部压力过高。

(3) 疲劳破裂　疲劳破裂是压力容器在交变载荷的作用下，出现金属疲劳而产生的裂纹。疲劳裂纹的扩展也可以分为两个阶段。第一阶段，裂纹通常从金属表面上的驻留滑移带或非金属夹杂物等处开始，沿最大切应力方向（和主应力方向近似45°）的晶面向内扩展，由于各晶粒的位向不同以及晶界的阻碍作用，裂纹的方向逐渐转向和主应力垂直，这一阶段的扩展速率是很慢的。裂纹扩展方向和主应力方向相垂直的一段为扩展的第二阶段，这一阶段扩展的途径是穿晶的。扩展的速率也较快。

金属疲劳破裂的主要条件如下。

① 存在较高的应力集中。

在压力容器的接管、开孔、转角以及其他几何形状不连续的地方，在焊缝附近，以及在钢材存有缺陷的区域内都有程度不同的应力集中。有些区域的局部应力往往要比设计应力大好几倍，可能达到甚至超过材料的屈服极限。这些较高的局部应力如果仅仅是几次的反复作用，也并不会造成容器的破裂。但是如果频繁地加载和卸载，就会使受力最大的晶粒由产生塑性变形而逐渐发展成微小的裂纹。随着应力的周期变化，裂纹两端即逐步扩展，最后导致容器的破裂。

② 存在交变的载荷。

压力容器器壁上的反复应力主要是在以下的情况中产生：间歇操作的容器经常进行反复加压和卸压；容器在运行过程中压力在较大幅度的范围内变化和波动；容器的操作温度发生周期性的较大幅度的变化，引起器壁温度、应力的反复变化；容器有较大的强迫振动并由此而产生较大的局部应力；容器部件受到周期性的外载荷的作用。

（4）应力腐蚀破裂　应力腐蚀破裂是指容器壳体由于受到腐蚀介质的腐蚀而产生的一种破裂形式，是在腐蚀介质和拉伸应力的共同作用下产生的。

引起应力腐蚀的应力必须是拉伸力，且应力可大可小，极低的应力水平也可能导致应力腐蚀破裂。纯金属不发生应力腐蚀，但几乎所有的合金在特定的腐蚀环境中都会产生应力腐蚀裂纹。极少量的合金或杂质都会使材料产生应力腐蚀。各种工程材料几乎都有应力腐蚀敏感性。应力腐蚀是一个电化学腐蚀过程，包括应力腐蚀裂纹萌生、稳定扩展、失稳扩展等阶段，失稳扩展即造成应力腐蚀破裂。

（5）压力冲击破裂　压力冲击破裂是指压力由于各种原因而急剧升高，使壳体受到高压力的突然冲击而造成的破裂爆炸。常见类型有：可燃气体与助燃气体的反应爆炸，聚合釜内"爆聚"，器内反应失控，液化气体"爆沸"。

压力冲击破裂特征有壳体碎裂，壳体内壁常附有化学反应产物或痕迹，断裂时常伴有高温产生，断口形貌类似脆性断裂，容器释放的能量较大。

（6）蠕变破裂　蠕变是指金属材料在应力和高温的双重作用下产生的缓慢而连续的塑性变形。承压部件长期在能导致金属蠕变的高温下工作，壁厚会减薄，材料的强度有所降低，严重时会导致压力容器的高温部件发生蠕变破裂。

蠕变破裂有明显的塑性变形，断口无金属光泽且呈粗糙颗粒状，表面有高温氧化层或腐蚀物。

导致蠕变破裂的原因有选材不当、结构不合理、操作不正常、维护不当，致使容器部件局部过热造成蠕变破裂。

2. 压力容器的安全管理

(1) 压力容器的使用管理　为了确保压力容器的安全运行，必须加强对压力容器的安全管理，消除弊端，防患于未然，不断提高其安全可靠性。

① 压力容器的安全技术管理。

要做好压力容器的安全技术管理工作，首先要从组织上保证。这就要求企业要有专门的机构，并配备专业人员，即具有压力容器专业知识的工程技术人员负责压力容器的技术管理及安全监察工作。

压力容器的技术管理工作内容主要包括：贯彻执行有关压力容器的安全技术规程；编制压力容器的安全管理规章制度，依据生产工艺要求和容器的技术性能制定容器的安全操作规程；参与压力容器的入厂检验、竣工验收及试车；检查压力容器的运行、维修和压力附件校验情况；压力容器的校验、修理、改造和报废等技术审查；编制压力容器的年度定期检修计划，并负责组织实施；向主管部门和当地劳动部门报送当年的压力容器的数量和变动情况统计报表、压力容器定期检验的实施情况及存在的主要问题；压力容器的事故调查分析和报告、检验、焊接和操作人员的安全技术培训管理和压力容器使用登记及技术资料管理。

② 建立压力容器的安全技术档案。

压力容器的技术档案是正确使用容器的主要依据，它可以使我们全面掌握容器的情况，摸清容器的使用规律，防止发生事故。容器调入或调出时，其技术档案必须随同容器一起调入或调出。对技术资料不齐全的容器，使用单位应对其所缺项目进行补充。

压力容器的技术档案应包括：压力容器的产品合格证，质量证明书，登记卡片，设计、制造、安装技术等原始的技术文件和资料，检查鉴定记录，验收单，检修方案及实际检修情况记录，运行累计时间表，年运行记录，理化检验报告，竣工图以及中高压反应容器和储运容器的主要受压元件强度计算书等。

③ 对压力容器使用单位及人员的要求。

压力容器的使用单位，在压力容器投入使用前，应按《压力容器使用管理规则》的要求，对压力容器的使用实行安全管理并办理压力容器使用登记，领取《特种设备使用登记证》。

压力容器使用单位，应在工艺操作规程中明确提出压力容器安全操作要求。其主要内容有：操作工艺指标（含介质状况、最高工作压力、最高或最低工作温度）；岗位操作法（含开、停车操作程序和注意事项）；运行中应重点检查的项目和部位，可能出现的异常现象和防止措施，紧急情况的处理、报告程序等。

压力容器使用单位应对其操作人员进行安全教育和考核，操作人员应持安全操作证上岗操作。

压力容器发生下列异常现象之一时，操作人员应立即采取紧急措施，并按规定程序报告本单位有关部门。

a. 工作压力、介质急剧变化，介质温度或壁温超过许用值，采取措施仍不能得到有效控制；

b. 主要受压元件产生裂缝、鼓包、变形、泄漏等危及安全的缺陷；

c. 安全附件失效；

d. 接管、紧固件损坏，难以保证安全运行；

e. 发生火灾直接威胁到压力容器安全运行；

f. 过量充装；

g. 液位失去控制；

h. 压力容器与管道严重振动，危及安全运行等。

压力容器内部有压力时，不得进行任何修理或紧固工作。对于特殊的生产过程，需在开车升（降）温过程中带压、带温紧固螺栓的，必须按设计要求制定有效的操作和防护措施，并经使用单位技术负责人批准，在实际操作时，单位安全部门应派人进行现场监督。

以水为介质产生蒸汽的压力容器，必须做好水质管理和监测，没有可靠的水处理措施，不应投入运行。

（2）压力容器的安全操作及维护保养　严格按照岗位安全操作规程的规定，精心操作和正确使用压力容器，科学而精心地维护保养，是保证压力容器安全运行的重要措施，即使压力容器的设计尽善尽美、科学合理，制造和安装质量优良，如果操作不当同样会发生重大事故。

① 压力容器的安全操作。

操作压力容器时要集中精力，勤于检察和调节。操作动作应平稳，应缓慢操作，避免温度、压力的骤升骤降，防止压力容器的疲劳破坏。阀门的开启要谨慎，开停车时各阀门的开关状态以及开关的顺序不能搞错。要防止憋压闷烧、防止高压窜入低压系统，防止性质相抵触的物料相混以及防止液体和高温物料相遇。

　　操作时，操作人员应严格控制各种工艺指数，严禁超压、超温、超负荷运行，严禁冒险性、试探性试验，并且要在压力容器运行过程中定时、定点、定线地进行巡回检查，认真、准时、准确地记录原始数据。主要检查操作温度、压力、流量、液位等工艺指标是否正常；着重检查容器法兰等部位有无泄漏，容器防腐层是否完好，有无变形、鼓包、腐蚀等缺陷和可疑迹象，容器及连接管道有无振动、磨损；检查安全阀、爆破片、压力表、液位计、紧急切断阀以及安全联锁、报警装置等安全附件是否齐全、完好、灵敏、可靠。

　　若容器在运行中发生故障，出现下列情况之一，操作人员应立即采取措施停止运行，并尽快向有关领导汇报。

　　a. 容器的压力或壁温超过操作规程规定的最高允许值，采取措施后仍不能使压力或壁温降下来，并有继续恶化的趋势；

　　b. 容器的主要承压元件产生裂纹、鼓包或泄漏等缺陷，危及容器安全；

　　c. 安全附件失灵、接管断裂、紧固件损坏，难以保证容器安全运行；

　　d. 发生火灾，直接影响容器的安全操作。

　　停止容器运行的操作，一般应切断进料，卸放器内介质，使压力降下来。对于连续生产的容器，紧急停止运行前必须与前后有关工段做好联系工作。

　　② 压力容器的维护保养。

　　压力容器的维护保养工作一般包括防止腐蚀，消除"跑、冒、滴、漏"和做好停运期间的保养。

　　化工压力容器内部受工作介质的腐蚀，外部受大气、水或土壤的腐蚀。目前大多数容器采用防腐层来防止腐蚀，如金属涂层、无机涂层、有机涂层、金属内衬和搪玻璃等。检查和维护防腐层的完好，是防止容器腐蚀的关键。如果容器的防腐层自行脱落或受碰撞而损坏，腐蚀介质和材料直接接触，则很快会发生腐蚀。因此，在巡检时应及时清除积附在容器、管道及阀门上面的灰尘、油污、潮湿和有腐蚀性的物质，经常保持容器外表面的洁净和干燥。

　　生产设备的"跑、冒、滴、漏"不仅浪费化工原料和能源，污染环境，而且往往造成容器、管道、阀门和安全附件的腐蚀。因此要做好日常的维护保养和检修工作，正确选用连接方式、垫片材料、填料等，消除振动和摩擦，维护保养好压力容器和安全附件。

　　另外，还要注意压力容器在停运期间的保养。容器停用时，要将内部的介质排空放净，尤其是腐蚀性介质，要经排放、置换或中和、清洗等技术处理。根据停运时间的长短以及设备和环境的具体情况，有的在容器内、外表面涂刷油漆等保护层；有的在容器内用专用器皿盛放吸潮剂。对停运容器要定期检查，及时更换失效的吸潮剂。发现油漆等保护层脱落时，应及时补上，使保护层经常保持完好无损。

3. 压力容器的定期检验

压力容器的定期检验是指在压力容器使用的过程中，每隔一定期限采用各种适当而有效的方法，对容器的各个承压部件和安全装置进行检查和必要的试验。通过检验，发现容器存在的缺陷，使它们在还没有危及容器安全之前即被消除或采取适当措施进行特殊监护，以防压力容器在运行中发生事故。

压力容器在生产中不仅长期承受压力，而且还受到介质的腐蚀或高温流体的冲刷磨损，以及操作压力、温度波动的影响。因此，在使用过程中会产生缺陷。有些压力容器在设计、制造和安装过程中存在着一些原有缺陷，这些缺陷将会在使用中进一步扩展。

显然，无论是原有缺陷，还是在使用过程中产生的缺陷，如果不能及早发现或消除，任其发展扩大，势必在使用过程中导致严重爆炸事故。

压力容器实行定期检验、评定安全状况和办理注册登记，是及时发现缺陷，消除隐患，保证压力容器安全运行的必不可少的措施。压力容器的使用单位，必须认真安排压力容器的定期检验工作。

（1）压力容器定期检验单位及检验人员应取得省级或国家安全监察机构的资格认可和经资格鉴定考核合格并接受当地安全监察机构监督，严格按照批准与授权的检验范围从事检验工作。检验单位及检验人员应对压力容器定期检验的结果负责。

（2）压力容器的使用单位及其主管部门，必须及时安排压力容器的定期检验工作，并将压力容器年度检验计划报当地安全监察机构及检验单位。安全监察机构负责监督检查，检验单位应负责完成检验任务。

（3）在用压力容器，按照 TSG R7001—2013《压力容器定期检验规则》、TSG 21— 2016《固定式压力容器安全技术监察规程》和 TSG 08—2017《特种设备使用管理规则》的规定，进行定期检验、评定安全状况和办理注册登记。

（1）压力容器定期检验的内容

① 压力容器的定期检验分为全面检验和耐压试验。

a. 全面检验是指压力容器停机时的检验。全面检验应当由检验机构进行，其检验周期如下：

Ⅰ. 安全状况等级为 1 级、2 级的，一般每 6 年一次；

Ⅱ. 安全状况等级为 3 级的，一般 3～6 年一次；

Ⅲ. 安全状况等级为 4 级的，其检验周期由检验机构确定。

b. 耐压试验是指压力容器全面检验合格后，所进行的超过最高工作压力的液压试验或者气压试验。每两次全面检验期间内，原则上应当进行一次耐压试验。

当全面检验、耐压试验和年度检查在同一年度进行时，应当依次进行全面检验、耐压试验和年度检查，其中全面检验已经进行的项目，年度检查时不再重复进行。

② 压力容器一般应当于投用满 3 年时进行首次全面检验。

a. 有以下情况之一的压力容器，全面检验周期应当适当缩短。

Ⅰ. 介质对压力容器材料的腐蚀情况不明或者介质对材料的腐蚀速率大于 0.25mm/a，以及设计者所确定的腐蚀数据与实际不符的；

Ⅱ. 材料表面质量差或者内部有缺陷的；

Ⅲ. 使用条件恶劣或者使用中发现应力腐蚀现象的；

Ⅳ. 使用超过 20 年，经过技术鉴定或者由检验人员确认按正常检验周期不能保证安全使用的；

Ⅴ. 停止使用时间超过 2 年的；

Ⅵ. 改变使用介质并且可能造成腐蚀现象恶化的；

Ⅶ. 设计图样注明无法进行耐压试验的；

Ⅷ. 检验中对其他影响安全的因素有怀疑的；

Ⅸ. 介质为液化石油气且有应力腐蚀现象的，每年或根据需要进行全面检验；

Ⅹ. 搪玻璃设备。

b. 安全状况等级为 1 级、2 级的压力容器符合以下条件之一时，全面检验周期可以适当延长。

Ⅰ. 非金属衬里层完好，其检验周期最长可以延长至 9 年；

Ⅱ. 介质对材料腐蚀速率低于每年 0.1mm（实测数据）、有可靠的耐腐蚀金属衬里（复合钢板）或者热喷涂金属（铝粉或者不锈钢粉）涂层，通过 1～2 次全面检验确认腐蚀轻微或者衬里完好的，其检验周期最长可以延长至 12 年；

Ⅲ. 装有催化剂的反应容器以及装有充填物的大型压力容器，其检验周期根据设计图样和实际使用情况由使用单位、设计单位和检验机构协商确定，报办理《使用登记证》的质量技术监督部门备案。

③ 安全状况等级为 4 级的压力容器，其累积监控使用的时间不得超过 3 年。在监控使用期间，应当对缺陷进行处理提高其安全状况等级，否则不得继续使用。

④ 有以下情况之一的压力容器，全面检验合格后必须进行耐压试验。

a. 用焊接方法更换受压元件的；

b. 受压元件焊补深度大于 1/2 壁厚的；

c. 改变使用条件，超过原设计参数并且经过强度校核合格的；

d. 需要更换衬里的（耐压试验应当于更换衬里前进行）；

e. 停止使用 2 年后重新使用的；

f. 从外单位移装或者本单位移装的；

g. 使用单位或者检验机构对压力容器的安全状况有怀疑的。

⑤ 使用单位必须于检验有效期满 30 日前申报压力容器的定期检验，同时将压力容器检验申报表报检验机构和发证机构。检验机构应当按检验计划完成检验任务。

⑥ 使用单位应当与检验机构密切配合，做好停机后的技术性处理和检验前的安全检查，确认符合检验工作要求后，方可进行检验，并在检验现场做好配合工作。

⑦ 压力容器安全状况等级的划分，按照 TSG R7001—2013《压力容器定期检验规则》执行，主要是根据受压元件的材质、结构、缺陷、损伤等方面的检验结果评定的，分为 1～5 级。

（2）压力容器年度检查　年度检查，是指为了确保压力容器在检验周期内的安全而实施的运行过程中的在线检查，每年至少一次。固定式压力容器的年度检查可以由使用单位的压力容器专业人员进行，也可以由国家市场监督管理总局核准的检验检测机构持证的压力容器检验人员进行。

① 压力容器年度检查包括使用单位压力容器安全管理情况检查、压力容器本体及运行状况检查和压力容器安全附件检查等。

检查方法以宏观检查为主，必要时进行测厚、壁温检查和腐蚀介质含量测定、真空度测试等。

② 年度检查前，使用单位应当做好以下各项准备工作：

a. 压力容器外表面和环境的清理；

b. 根据现场检查的需要，做好现场照明、登高防护、局部拆除保温层等配合工作，必要时配备合格的防噪声、防尘、防有毒有害气体等防护用品；

c. 准备好压力容器技术档案资料、运行记录、使用介质中有害杂质记录；

d. 准备好压力容器安全管理规章制度和安全操作规范，操作人员的资格证；

e. 检查时，使用单位压力容器管理人员和相关人员到场配合，协助检查工作，及时提供检查人员需要的其他资料。

③ 检查前检查人员应当首先全面了解被检压力容器的使用情况、管理情况，认真查阅压力容器技术档案资料和管理资料，做好有关记录。压力容器安全管理情况检查的主要内容如下：

a. 压力容器的安全管理规章制度和安全操作规程，运行记录是否齐全、真实，查阅压力容器台账与实际是否相符；

b. 压力容器图样、使用登记证、产品质量证明书、使用说明书、监督检验证书、历年检验报告以及维修、改造资料等建档资料是否齐全并且符合要求；

c. 压力容器作业人员是否持证上岗；

d. 上次检验、检查报告中所提的问题是否解决。

三、压力容器安全附件

压力容器的安全附件，又称为安全装置，是指为使压力容器能够安全运行而装设在设备上的附属装置。压力容器的安全附件按使用性能或用途来分，一般包括以下四大类型：①联锁装置，为防止操作失误而设置的控制机构，如联锁开关、联动阀等；②警报装置，指压力容器在运行中出现不安全因素致使容器处于危险状态时能自动发出音响或其他明显警报信号的仪器，如压力警报器、水位监测仪等；③计量装置，指能自动显示压力容器运行中与安全有关的工艺参数的仪表，如压力表、温度计等；④泄压装置，指能自动、迅速排出容器内的介质，使容器内压力不超过它的最高需用压力的装置。压力容器常见的安全附件有以下几种。

1. 安全泄压装置

压力容器的安全泄压装置是一种超压保护装置。容器在正常的工作压力下运行时，安全泄压装置处于严密不漏状态；当压力容器内部压力超过规定值时，安全泄压装置能够自动、迅速、足够量地把压力容器内部的气体排出，使容器内的压力始终保持在最高许可压力范围以内。同时，它还有自动报警的作用，促使操作人员采取相应措施。

常用的安全泄压装置有安全阀、爆破片和防爆帽、易熔塞、组合装置等几种。

（1）安全阀　安全阀的特点是它仅仅排泄压力容器内高于规定部分的压力，而一旦容器内的压力降至正常操作压力时，它即自动关闭。它可避免容器因出现超压就得把全部气体排出而造成浪费和生产中断，因而被广泛应用。其缺点是：密封性能较差，由于弹簧等的惯性作用，阀的开放常有滞后作用；用于一些不洁净的气体时，阀口有被堵塞或阀瓣有被粘住的可能。安全阀的选用应根据压力容器的工作压力、温度、介质特性来确定。

安全阀主要有弹簧式和杠杆式两大类，见图5-2和图5-3。弹簧式安全阀主要是依靠弹簧的作用力来工作，可分为封闭式和不封闭式两种结构，一般易燃、易爆和有毒的介质选用封闭式，蒸汽或惰性气体等可选用不封闭式，在弹簧式安全阀中还有带扳手和不带扳手的，扳手的作用主要是检查阀座的灵活程度，有时也可作为临时紧急泄压工具用。杠杆式安全阀主要依靠杠杆重锤的作用力工作，但由于杠杆式安全阀体积庞大而限制了使用范围。温度较高时选用带散热器的安全阀。

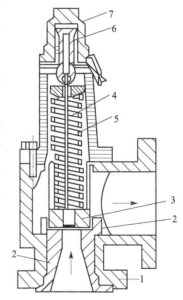

图5-2　弹簧式安全阀装置结构示意

1—阀体；2—阀座；3—阀芯；

4—阀杆；5—弹簧；6—螺母；7—阀盖

安全阀的安装应注意以下几点。

① 新装安全阀应附有产品合格证。安装前，应由安装单位负责进行复校，加以铅封并出具安全阀校验报告。

② 安全阀应铅直地安装，并应装设在容器或管道气相界面位置上。

③ 安全阀的出口应无阻力或避免产生背压现象。若装设排泄管，其内径应大于安全阀的出口通径，安全阀排出口应注意防冻，对充装易燃或有毒、剧毒介质的容器，排泄管应直通室外安全地点或进行妥善处理。排泄管上不准安装任何阀门。

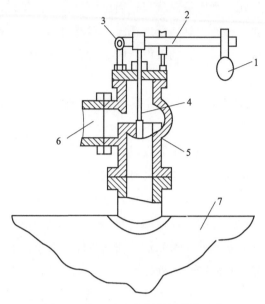

图 5-3　杠杆式安全阀装置结构示意

1—重锤；2—杠杆；3—杠杆支点；4—阀芯；5—阀座；6—排出管；7—容器或设备

④ 压力容器与安全阀之间不得装有任何阀门。对充装易燃、易爆、有毒或黏性介质的容器，为便于更换、清洗，可装截止阀，其结构和通径尺寸应不妨碍安全阀的正常运行。正常运行时，截止阀必须全开并加铅封。

⑤ 安全阀与锅炉压力容器之间连接短管截面积，不得小于安全阀流通截面。数个安全阀同时装在一个接管上，其接管截面积应不小于安全阀流通截面积总和的 1.25 倍。注意，选用安全阀及对其进行校验时，安全阀的排气压力不得超过容器设计压力。

安全阀应加强日常的维护保养，保持洁净，防止腐蚀和油垢、脏物的堵塞，经常检查铅封，防止他人随意移动杠杆式安全阀的重锤或拧动弹簧式安全阀的调节螺栓。为防止阀芯和阀座粘牢，根据压力容器的实际情况制定定期手拉（或手抬）排放制度，如蒸汽锅炉锅筒安全阀一般应每天人为排放一次，排放时的压力最好在规定最高工作压力的 80% 以上，发现泄漏时应及时调换或检修，严禁用加大载荷（如杠杆式安全阀将重锤外移或弹簧式安全阀过分拧紧调节螺栓）的办法来消除泄漏。

安全阀每年至少作一次定期检验。定期检验内容一般包括动态检查和解体检查。如果安全阀在运行中已发现泄漏等异常情况，或动态检查不合格，则应作解体检查。解体后，对阀芯、阀座、阀杆、弹簧、调节螺栓、锁紧螺母、阀体等逐一仔细检查，主要检查有无裂纹、伤痕、腐蚀、磨损、变形等缺陷。根据缺陷的大小、损坏程度，或修复，或更换零部件，然后组装进行动态检查。动态检查时使用的介质根据安全阀用于何种压力容器来决定。用于蒸汽系统的安全阀采用饱和蒸汽，用于其他压缩气体的则用空气，用于液体的选用水。用于蒸汽系统的安全阀因条件所限，用空气作动态检查后装到运行系统上仍需作热态的调压试验。动态检查结束应当场将合格的安全阀铅封，检验人员、监督人员填写检验记录并签字。

（2）爆破片和防爆帽　它们的共同特点是密封性能较好，泄压反应较快以及气体内所含的污物对其影响较小等，但是由于在完成泄压作用以后即不能继续使用，而且容器也得停止运行，所以一般只被用于超压可能性较小而且又不宜装设阀型安全泄压装置的容器中。图 5-4 为爆破片示意图。

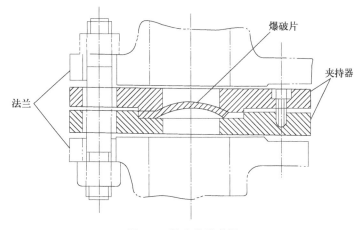

图 5-4　爆破片示意图

爆破片一般使用在以下几种场合：中、低压容器；存在爆燃或异常反应使压力瞬间急剧上升的场合，这种场合弹簧式安全阀由于惯性而不相适应；不允许介质有任何泄漏的场合，各种形式的安全阀一般总有微量的泄漏；运行产生大量沉淀或黏附物，妨碍安全阀正常动作的场合。爆破片爆破压力的选定，一般为容器最高工作压力的 1.15～1.3 倍。压力波动幅度较大的容器，其比值还可增大。但任何情况下，爆破片的爆破压力均应小于压力容器的设计压力。爆破片安装、维护、检验要可靠，夹持器和垫片表面不得有油污，夹紧螺栓应上紧，防止膜片受压后滑脱，运行中应经常检查法兰连接处有无泄漏，由于特殊要求在爆破片和容器之间装设有切断阀者，要检查阀的开闭状态，并有措施保证在运行中此阀处于全开位置。爆破片排放管的要求可以参照安全阀。通常，爆破片满 6 个月或 12个月更换一次。此外，容器超压后未破裂的爆破片以及正常运行中有明显变形的爆破片应立即更换。更换下来的爆破片应进行爆破试验，并记录、积累和分析、整理试验数据以供设计时参考。

防爆帽又称爆破帽，样式较多。其主要元件是一个一端封闭，中间具有一薄弱断面的厚壁短管。当容器内的压力超过规定，导致其薄弱断面上的拉伸应力达到材料的强度极限时，防爆帽即从此处断裂，气体即由管孔排出。为了防止防爆帽断裂后飞出伤人，在它的外面常装有套管式保护装置。防爆帽适用于超高压容器，因超高压容器的安全泄压装置不需要很大的泄放面积，且爆破压力较高，防爆帽的薄弱断面可有较大的厚度，使它易于制造。并且防爆帽还具有结构简单、爆破压力误差较小、比较易于控制等特点。

（3）易熔塞　通过易熔合金的熔化使容器内的气体从原来填充有易熔合金的孔中排出，从而泄放压力。主要用于防止容器由于温度升高而发生的超压。一般多用于液化气体气瓶。

（4）组合装置　常见的有弹簧安全阀和爆破片的组合型。这种类型的安全泄压装置同时具有安全阀和爆破片的优点。它既可以防止安全阀的泄漏，又可以在排放过高的压力后使容器能继续运行。

2. 压力表

测量容器内压力的压力表，普遍所用的是由无缝磷铜管（氨压表则用无缝钢管）制成的弹簧椭圆形弯管。弯管一端连通介质，另一端是自由端，与连杆相接，再由扇形齿轮、小齿轮（上、下游丝）及指针显示（图 5-5）。压力表的种

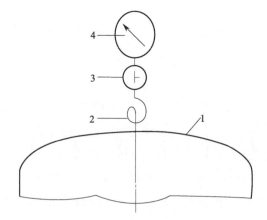

图 5-5　压力表安装示意图

1—承压设备；2—存水弯管；3—三通旋塞；4—压力表

类较多，按它的作用原理和结构，可分为液柱式、弹性元件式、活塞式和电量式四大类。压力容器大多使用弹性元件式的单弹簧管压力表。

应根据被测压力的大小、安装位置的高低、介质的性质（如温度、腐蚀性等）来选择压力表的精度等级、最大量程、表盘大小以及隔离装置。

装在压力容器上的压力表，其表盘刻度极限值应为容器最高工作压力的1.5～3倍，最好为2倍。压力表量程越大，允许误差的绝对值也越大，视觉误差也越大。按容器的压力等级要求，低压容器一般不低于2.5级，中压及高压容器不应低于1.5级。为便于操作人员能清楚准确地看出压力指示，压力表盘直径不能太小。在一般情况下，表盘直径不应小于100mm。如果压力表距离观察地点远，表盘直径应增大：距离超过2m时，表盘直径最好不小于150mm；距离超过5m时，不要小于250mm。超高压容器压力表的表盘直径应不小于150mm。

压力表应装在照明充足、便于观察、没有震动、不受高温辐射和低温冰冻的地方。介质为高温或具有强腐性时，应采用隔离装置。在压力表刻度盘上画以红线，作为警戒。但不准将红线画在表盘玻璃上，以免因玻璃位置的转动产生误判断而导致事故。运行中应保持压力表洁净，表面玻璃清晰，进行定期吹洗，以防堵塞，一般应半年进行一次校验，合格的应加封印。若无压时出现指针不到零位或表面玻璃破碎、表盘刻度模糊、封印损坏、超期未检验、表内漏气或指针跳动等情况之一者，均应停用、修理或更换新表。

3. 液位计

一般压力容器的液位显示多用玻璃板液位计。石油化工装置的压力容器，如各类石油气体的储存压力容器，选用各种不同作用原理、构造和性能的液位指示仪表。介质为粉体物料的压力容器，多数选用放射性同位素料位仪表，指示粉体的料位高度（表5-1）。但不论选用何种类型的液位计或仪表，均应符合有关的安全规定和要求，主要有以下几个方面。

（1）应根据压力容器的介质、最高工作压力和温度正确选用。

（2）在安装使用前，低、中压容器用液位计，应进行1.5倍液位计公称压力的液压试验；高压容器的液位计，应进行1.25倍液位计公称压力的液压试验。

（3）盛装0℃以下介质的压力容器，应选用防霜液位计。

（4）寒冷地区室外使用的液位计，应选用夹套型或保温型结构的液位计。

（5）用于易燃、毒性程度为极度或高度危害介质的液化气体压力容器上时，应采用板式或自动液位指示计,并应有防止泄漏的保护装置。

(6) 要求液面指示平稳的,不应采用浮子式液位计。

(7) 液位计应安装在便于观察的位置。如液位计的安装位置不便于观察,则应增加其他辅助设施。大型压力容器还应有集中控制的设施和警报装置。液位计的最高和最低安全液位,应做出明显的标记。

(8) 压力容器操作人员,应加强对液位计的维护管理,经常保持完好和清晰。使用单位应对液位计实行定期检修制度,可根据运行实际情况,规定检修周期,但不应超过压力容器内外部检验周期。

表 5-1   液位计分类与选用

类别	适用范围
玻璃管式	适宜装置高度在 3m 以上,不适宜易燃、有毒的液化气体容器
浮子式	适宜低压容器,不适宜液面波动较大的容器
压差式	适宜液面波动较小的容器
玻璃板式	适宜装置高度在 3m 以下的容器
浮标式	适宜装置高度在 3m 以上,不适宜液面波动较大的容器

四、压力容器相关法律法规

目前,我国建立了包括压力容器在内的特种设备法律法规、标准体系,由"法律—行政法规—部门规章—安全技术规范—技术标准"五个层次构成。

1. 法律

法律是由全国人民代表大会讨论通过,中华人民共和国主席批准发布。我国现行与特种设备有关的法律主要有:《安全生产法》《特种设备安全法》《劳动法》《产品质量法》和《进出口商品检验法》。

2. 行政法规

行政法规包括国务院颁布的行政法规和国务院部委以令的形式颁布的与特种设备相关的部门行政规章。

2001 年 4 月 1 日颁布施行的《国务院关于特大安全事故行政责任追究的规定》,是与特种设备安全密切相关的一部重要的行政法规。该部行政法规明确规定了如发生特大安全事故，将追究行政首长的责任。压力容器、锅炉、压力管道等安全事故被列入了七类特大安全事故。

《特种设备安全监察条例》是 2003 年 3 月 11 日公布的第 373 号国务院令，自 2003 年 6 月 1 日起施行，依《国务院关于修改〈特种设备安全监察条例〉的决定》（国务院令第 549 号）修订，修订版于 2009 年 1 月 24 日公布，自 2009 年 5 月 1 日起施行。这是一部全面规范锅炉、压力容器、压力管道、电梯、客运索道、游乐设施、起重机械等特种设备的生产（含设计、制造、安装、改造、维修）、使用、检验检测及其安全监察的专门法规。这部条例对于加强特种设备的安全管理，防止和减少事故，保障人民群众生命、财产安全发挥了重要作用。

3. 部门规章

部门规章是指以国家市场监督管理总局局长令形式发布的办法、规定、规则，例如《特种设备事故报告和调查处理规定》《锅炉压力容器制造监督管理办法》《锅炉压力容器使用登记管理办法》《气瓶安全监察规定》等。

4. 安全技术规范

安全技术规范是指国家应急管理部领导签署或授权签署，以国家应急管理部名义公布的技术规范和管理规范。管理类规范包括各种管理规则、核准规则、考核规则和程序等；技术类规范包括各种安全技术监察规程、检验规则、评定细则、考核大纲等。

安全技术规范是对特种设备全方位、全过程、全覆盖的基本安全要求。体现在对单位（机构）、人员、设备、方法等方面全方位的管理和技术要求；体现在对设计、制造、安装、改造维修、使用、检验、监察等环节全过程的管理和技术要求；体现在对锅炉、压力容器等特种设备全覆盖的管理和技术要求。

5. 技术标准

技术标准是指由行业或技术团体提出经有关管理部门批准的技术文件，有国家标准、行业标准和企业标准之分，国家鼓励优先采用国家标准。

经过压力容器标准化工作者几十年的不懈努力，我国已经颁布并实施了 GB 150—2011《压力容器》、GB/T 12337—2014《钢制球形储罐》、GB/T 151—

2014《热交换器》、NB/T 47014—2011《承压设备焊接工艺评定》、NB/T 47015—2011《压力容器焊接规程》等一系列压力容器产品标准、基础标准和零部件标准，并以此构成了压力容器标准体系的基本框架。

我国的压力容器标准化体系是随着压力容器行业的逐步发展而形成的，从总体上体现了当前压力容器行业的技术水平和管理水平，它们对我国压力容器产品的质量控制和安全使用起到了极为关键的作用。

第二节 气瓶安全技术

气瓶是指在正常环境下（－40～60℃）可重复充气使用的，公称工作压力（表压，下同）为 0.2～35MPa，公称容积为 0.4～3000L 的盛装压缩气体、高（低）压液化气体、低温液化气体、溶解气体、吸附气体、标准沸点等于或者低于 60℃的液体以及混合气体（两种或者两种以上气体）的移动式压力容器。

一、气瓶的分类

1. 按充装介质的性质分类

（1）压缩气体气瓶。压缩气体临界温度小于－10℃，常温下呈气态，如氢、氧、氮、空气、煤气等。压缩气体气瓶一般都以较高的压力充装气体，目的是增加气瓶的单位容积充气量，提高气瓶利用率和运输效率。常见的充装压力为 15MPa，也有充装 20～30MPa 的。

（2）液化气体气瓶。液化气体气瓶充装时都以低温液态灌装。有些液化气体的临界温度较低，装入瓶内后受环境温度的影响而全部汽化。有些液化气体的临界温度较高，装瓶后在瓶内始终保持气-液平衡状态，因此可分为高压液化气体和低压液化气体。

高压液化气体临界温度大于或等于－109℃，且小于或等于 70℃。常见的有乙烯、乙烷、二氧化碳、三氧化氮、六氟化硫、氯化氢、三氟氯甲烷、三氟甲烷、六氟乙烷、氟乙烯等。常见的充装压力有 15MPa 和 12.5MPa 等。

低压液化气体临界温度大于 70℃，如溴化氢、硫化氢、氨、丙烷、丙烯、异丁烯、1,3-丁二烯、1-丁烯、环氧乙烷、液化石油气等。《气瓶安全技术规程》规定，液化气体气瓶的最高工作温度为 60℃。低压液化气体在 60℃时的饱和蒸气压都在 10MPa 以下，所以这类气体的充装压力都不高于 10MPa。

（3）溶解气体气瓶。是专门用于盛装乙炔的气瓶。由于乙炔气体极不稳定，故必须把它溶解在溶剂（常见的为丙酮）中。气瓶内装满多孔性材料，以吸收溶剂。乙炔瓶充装乙炔气，一般要求分两次进行，第一次充气后静置 8h 以上，再进行第二次充气。

2. 按制造方法分类

（1）钢制无缝气瓶。它是以钢坯为原料，经冲压拉伸制造，或以无缝钢管为材料，经热旋压收口收底制造的钢瓶。瓶体材料为采用碱性平炉、电炉或吹氧碱性转炉冶炼的镇静钢，如优质碳钢、锰钢、铬钼钢或其他合金钢。这类气瓶用于盛装压缩气体和高压液化气体。

（2）钢制焊接气瓶。它是以钢板为原料，经冲压卷焊制造的钢瓶。瓶体及受压元件材料为采用平炉、电炉或氧化转炉冶炼的镇静钢，要求有良好的冲压和焊接性能。这类气瓶用于盛装低压液化气体。

（3）缠绕玻璃纤维气瓶。它是以玻璃纤维加黏结剂缠绕或碳纤维制造的气瓶。一般有一个铝制内筒，其作用是保证气瓶的气密性，承压则依靠玻璃纤维缠绕的外筒。这类气瓶由于绝热性能好、重量轻，多用于盛装呼吸用压缩空气，供消防、毒区或缺氧区域作业人员随身背挎并配以面罩使用。一般容积较小（1～10L），充气压力多为 15～30MPa。

3. 按公称工作压力和公称容积分类

气瓶按照公称工作压力分为高压气瓶和低压气瓶：
（1）高压气瓶是指公称工作压力大于或者等于 10MPa 的气瓶；
（2）低压气瓶是指公称工作压力小于 10MPa 的气瓶。
气瓶按照公称容积分为小容积、中容积、大容积气瓶：
（1）小容积气瓶是指公称容积小于或者等于 12L 的气瓶；
（2）中容积气瓶是指公称容积大于 12L 并且小于或者等于 150L 的气瓶；
（3）大容积气瓶是指公称容积大于 150L 的气瓶。

二、气瓶的颜色和标记

GB/T 7144—2016《气瓶颜色标志》对气瓶的颜色和标志作了明确的规定。TSG 23—2021《气瓶安全技术规程》对气瓶的颜色和标志的应用又作了进一步的规定。主要规定如下。

（1）气瓶的钢印标志是识别气瓶的依据。钢印标志必须准确、清晰、完整，以永久标记的形式打印在瓶肩或不可卸附件上。应尽量采用机械方法打印钢印标记。钢印的位置和内容，应符合 TSG 23—2021《气瓶安全技术规程》附件 D"气瓶标志"的规定（焊接气瓶中的工业用非重复充装焊接钢瓶除外）。特殊原因不能在规定位置上打钢印的，必须按锅炉压力容器安全监察局核准的方法和内容进行标注。

（2）气瓶外表面的颜色、字样和色环，必须符合 GB/T 7144—2016《气瓶颜色标志》的规定，并在瓶体上以明显字样注明产权单位和充装单位。盛装未列入国家标准规定的气体和混合气体的气瓶，其外表面的颜色、字样和色环均必须符合特种设备安全监察局核准的方案。

（3）气瓶警示标签的字样、制作方法及应用应符合 GB/T 16804—2011《气瓶警示标签》的规定。

（4）气瓶必须专用。只允许充装与钢印标记一致的介质，不得改装使用。

（5）进口气瓶检验合格后，由检验单位逐只打检验钢印，涂检验色标。气瓶表面的颜色、字样和色环应符合国家标准 GB/T 7144—2016《气瓶颜色标志》的规定（表 5-2）。

表 5-2　常见气瓶的颜色

序号	充装气体	化学式(或符号)	体色	字样	字色	色环
1	氢	H_2	淡绿	氢	大红	$p = 20MPa$，大红单环 $p \geqslant 30MPa$，大红双环
2	氧	O_2	淡(酞)蓝	氧	黑	$p = 20MPa$，白色单环 $p \geqslant 30MPa$，白色双环
3	氨	NH_3	淡黄	液氨	黑	
4	氯	Cl_2	深绿	液氯	白	
5	空气	Air	黑	空气	白	
6	氮	N_2	黑	氮	淡黄	$p = 20MPa$，白色单环 $p \geqslant 30MPa$，白色双环

序号	充装气体	化学式(或符号)	体色	字样	字色	色环
7	二氧化碳	CO_2	铝白	液化二氧化碳	黑	$p=20MPa$,黑色单环
8	乙烯	C_2H_4	棕	液化乙烯	淡黄	$p=15MPa$,白色单道 $p=20MPa$,白色双环
9	乙炔	C_2H_2	白	乙炔不可近火	大红	

三、气瓶的安全附件

1. 安全泄压装置

气瓶的安全泄压装置,是为了防止气瓶在遇到火灾等高温时,瓶内气体受热膨胀而发生破裂爆炸。

气瓶常见的泄压附件有爆破片和易熔塞。爆破片装在瓶阀上,其爆破压力略高于瓶内气体的最高温升压力。爆破片多用于高压气瓶上,有的气瓶不装爆破片。《气瓶安全技术规程》对是否必须装设爆破片,未做明确规定。气瓶装设爆破片有利有弊,一些国家的气瓶不采用爆破片这种安全泄压装置。

易熔塞一般装在低压气瓶的瓶肩上,当周围环境温度超过气瓶的最高使用温度时,易熔塞的易熔合金熔化,瓶内气体排出,避免气瓶爆炸。

盛装毒性程度为有毒或剧毒的气体的气瓶上,禁止装配易熔合金塞、爆破片及其他泄压装置。

2. 其他附件 (防震圈、瓶帽、瓶阀)

气瓶装有的两个防震圈是气瓶瓶体的保护装置。气瓶在充装、使用、搬运过程中,常常会因滚动、震动、碰撞而损伤瓶壁,以致发生脆性破坏。这是气瓶发生爆炸事故常见的一种直接原因。

瓶帽是瓶阀的防护装置,它可避免气瓶在搬运过程中因碰撞而损坏瓶阀,保护出气口螺纹不被损坏,防止灰尘、水分或油脂等杂物落入阀内。

瓶阀是控制气体出入的装置,一般是用黄铜或钢制造。充装可燃气体的钢瓶的瓶阀,其出气口螺纹为左旋,盛装助燃气体的气瓶,其出气口螺纹为右旋。瓶阀的多种结构可有效地防止可燃气体与非可燃气体的错装。

四、气瓶安全管理

1. 充装安全

为了保证气瓶在使用或充装过程中不因环境温度升高而处于超压状态，必须对气瓶的充装量严格控制。确定压缩气体及高压液化气体气瓶的充装量时，要求瓶内气体在最高使用温度（60℃）下的压力，不超过气瓶的最高许用压力。对低压液化气体气瓶，则要求瓶内液体在最高使用温度下，不会膨胀至瓶内满液，即要求瓶内始终保留有一定气相空间。

（1）气瓶充装过量。这是气瓶破裂爆炸的常见原因之一。因此必须加强管理，严格执行《气瓶安全技术规程》的安全要求，防止充装过量。充装压缩气体的气瓶，要按不同温度下的最高允许充装压力进行充装，防止气瓶在最高使用温度下的压力超过气瓶的最高许用压力。充装液化气体的气瓶，必须严格按规定的充装系数充装，不得超量，如发现超装时，应设法将超装量卸出。

（2）防止不同性质气体混装。气体混装是指在同一气瓶内灌装两种气体（或液体）。如果这两种介质在瓶内发生化学反应，将会造成气瓶爆炸事故。如原来装过可燃气体（如氢气等）的气瓶，未经置换、清洗等处理，甚至瓶内还有一定量余气，又灌装氧气，结果瓶内氢气与氧气发生化学反应，产生大量反应热，瓶内压力急剧升高，气瓶爆炸，酿成严重事故。

（3）盛装永久气体（含低温液化气体）、液化气体、溶解乙炔气等气瓶充装单位充装作业人员要按规定要求进行考核，并经考核合格后才能从事气瓶充装作业。

（4）气瓶充装前，充装单位应有专业人员对气瓶进行检查，检查的内容包括以下几点。

① 气瓶的漆色是否完好，所涂漆的颜色是否与所装气体的气瓶规定漆色相符（各种气体气瓶的漆色按《气瓶安全技术规程》的规定涂敷）；

② 气瓶是否留有余气，如果对气瓶原来所装气体有怀疑，应取样化验；

③ 认真检查气瓶瓶阀上进气口侧的螺纹，一般盛装可燃气体的气瓶瓶阀螺纹是左旋的；

④ 气瓶上的安全装置是否配备齐全；

⑤ 新投入使用的气瓶是否有出厂合格证，已使用过的气瓶是否在规定的检

验期内；

⑥ 气瓶有无鼓包、凹陷或其他外伤等情况。

（5）属下列情况之一的，应先进行处理，否则严禁充装。

① 钢印标志、颜色标志不符合规定及无法判定瓶内气体的；

② 改装不符合规定或用户自行改装的；

③ 附件不全、损坏或不符合规定的；

④ 瓶内无剩余压力的；

⑤ 超过检验期的；

⑥ 外观检查存在明显损伤，需进一步进行检查的；

⑦ 氧化或强氧化性气体气瓶沾有油脂的；

⑧ 易燃气体气瓶的首次充装，事先未经置换和抽空的。

（6）气瓶改装也是国内气瓶爆炸事故的主要原因，必须慎重对待。气瓶改装是指原来盛装某一种气体的气瓶改变充装别种气体。

① 对气瓶改装的规定　气瓶的使用单位不得擅自更改气瓶的颜色标志、换装别种气体。确实需要更换气瓶盛装气体的种类时，应提出申请，由气瓶检验单位负责对气瓶进行改装。气瓶改装后，负责改装的单位，应将气瓶改装情况通知气瓶所有单位，记入气瓶档案。

② 改装气瓶注意事项　负责改装的单位应根据气瓶制造钢印标记和安全状况，确定气瓶是否适合于所换装的气体。包括气瓶的材料与所换装的气体的相容性、气瓶的许用压力是否符合要求等。气瓶改装时，应根据原来所装气体的特性，采用适当的方法对气瓶内部进行彻底清理、检验，打检验钢印和涂检验色标，换装相应的附件，并按 GB/T 7144—2016《气瓶颜色标志》的规定，更改换装气体的字样、色环和颜色标志。

2. 运输安全

（1）运输时防止气瓶受到剧烈震动或碰撞冲击。运载气瓶的工具应具有明显的安全标志；在车上的气瓶要妥善固定，防止气瓶跳动或滚落；气瓶的瓶帽及防震圈应装配齐全；装卸气瓶时应轻装轻卸，不得采用抛装、滑放或滚动的方法；不得用电磁起重机和链绳吊装气瓶。

（2）防止气瓶受热或着火。气瓶运输时不得长时间在烈日下暴晒，夏季运输要有遮阳设施，并应避免白天在城市繁华地区运输气瓶；易燃气体气瓶或其他易燃品、油脂和沾有油脂的物品，不得与氧气瓶同车运输；两种介质互相接触后能引起燃烧等剧烈反应的气瓶也不得同车运输；装气瓶的车上应严禁烟火，运输可燃气体或有毒气体的气瓶时，车上应备有灭火器材或防毒用具。

3. 储存安全

(1) 气瓶的储存应有专人负责管理。管理人员、操作人员、消防人员应经安全技术培训，了解气瓶、气体的安全知识。

(2) 气瓶的储存，空瓶、实瓶应分开（分室储存）。如氧气瓶、液化石油气瓶，乙炔瓶与氧气瓶、氯气瓶不能同储一室。

(3) 气瓶库（储存间）应符合《建筑设计防火规范》，应采用二级以上防火建筑。与明火或其他建筑物应有符合规定的安全距离。易燃、易爆、有毒、腐蚀性气体气瓶库的安全距离不得小于 15m。

(4) 气瓶库应通风、干燥，防止雨（雪）淋、水浸，避免阳光直射，要有便于装卸、运输的设施。库内不得有暖气、水、煤气等管道通过，也不准有地下管道或暗沟。照明灯具及电气设备应是防爆的。

(5) 地下室或半地下室不能储存气瓶。

(6) 瓶库应有明显的"禁止烟火""当心爆炸"等各类必要的安全标志。

(7) 瓶库应有运输和消防通道，设置消防栓和消防水池，应在固定地点备有专用灭火器、灭火工具和防毒用具。

(8) 储气的气瓶应戴好瓶帽，最好戴固定瓶帽。

(9) 实瓶一般应立放储存。卧放时，应防止滚动，瓶头（有阀端）应朝向一方。垛放不得超过 5 层，并妥善固定。气瓶排放应整齐，固定牢靠。数量、号位的标志要明显。要留有通道。

(10) 实瓶的储存数量应有限制，在满足当天使用量和周转量的情况下，应尽量减少储存量。容易起聚合反应的气体的气瓶，必须规定储存期限。

(11) 瓶库账目清楚，数量准确，按时盘点，账物相符。

(12) 建立并执行气瓶进出库制度。

4. 使用安全

气瓶使用不当或维护不良可以直接或间接造成爆炸、着火燃烧或中毒伤亡事故。

在使用中将气瓶置于烈日下长时间地曝晒，或将气瓶靠近高温热源，是气瓶爆炸的直接原因。特别是充装低压液化气体的气瓶，如果充装过量，再加上烈日曝晒，最容易发生爆炸事故。所以这种事故常常发生在夏季，而且总是在运输或使用过程中受烈日曝晒的情况下发生。有时候，气瓶只局部受热，虽然不至于发生爆炸事故，但也会使气瓶上的安全泄压装置开放泄气，致使瓶内的可燃气体或有毒气体喷出，造成着火或中毒事故。

气瓶操作不当常会发生着火或烧坏气瓶附件等事故。例如开启气瓶瓶阀时开得太快，使减压器或管道中的压力迅速增大，温度也剧烈升高，严重时会使橡胶垫圈等附件烧毁，国内曾发生过多起这样的事故。此外，充装可燃气体气瓶瓶阀的泄漏，氧气瓶瓶阀或其他附件沾有油脂等也常常会引起着火燃烧事故。

为了预防气瓶因使用不当而发生事故，在使用气瓶时必须严格做到以下事项。

（1）气瓶使用前要按 TSG 08—2017《特种设备使用管理规则》到直辖市或者设区的市场监督部门或其委托的下一级市场监督部门办理气瓶使用登记。使用气瓶者应学习气体与气瓶的安全技术知识，在技术熟练人员的指导监督下进行操作练习，合格后才能独立使用。

（2）使用前应对气瓶进行检查，确认气瓶和瓶内气体质量完好，方可使用。如发现气瓶颜色、钢印等辨别不清，检验超期，气瓶损伤（变形、划伤、腐蚀），气体质量与标准规定不符等现象，应拒绝使用并做妥善处理。

（3）按照规定，正确、可靠地连接调压器、回火防止器、输气橡胶软管、缓冲器、汽化器、焊割炬等，检查、确认没有漏气现象。连接上述器具前，应微开瓶阀吹除瓶阀出口的灰尘、杂物。

（4）气瓶使用时，一般应立放（溶解乙炔瓶严禁卧放使用，以防溶剂流出），不得靠近热源。与明火、可燃与助燃气体气瓶之间的距离不得小于10m。

（5）使用易起聚合反应的气体的气瓶，应远离射线、电磁波、震动源。

（6）防止日光暴晒、雨淋、水浸。

（7）移动气瓶应手扳瓶肩转动瓶底，移动距离较远时可用轻便小车运送，严禁抛、滚、滑、翻和肩扛、脚踹。

（8）禁止敲击、碰撞气瓶。绝对禁止在气瓶上焊接、引弧。不准用气瓶作支架和铁砧。

（9）注意操作顺序。开启瓶阀应轻缓，操作者应站在阀出口的侧后；关闭瓶阀应轻而严，不能用力过大，避免关得太紧、太死。

（10）瓶阀冻结时，不准用火烤。可把瓶移入室内或温度较高的地方或用40℃以下的温水浇淋解冻。

（11）注意保持气瓶及附件清洁、干燥，禁止沾染油脂、腐蚀性介质、灰尘等。

（12）瓶内气体不得用尽，应留有剩余压力（余压）。余压不应低于0.05MPa。

（13）保护瓶外油漆防护层，既可防止瓶体腐蚀，也是识别标记，可以防止误用和混装。瓶帽、防震圈、瓶阀等附件都要妥善维护、合理使用。

（14）气瓶使用完毕，要送回瓶库或妥善保管。

第三节　工业锅炉安全技术

锅炉是一种利用燃料能源的热能或回收工业生产中的余热，将工质加热到一定温度和压力的热力设备，也是压力容器中的特殊设备。锅炉由"锅"和"炉"以及为保证"锅"和"炉"正常运行所必需的附件、仪表及附属设备三大部分组成。锅炉承受高温高压，有爆炸的危险，一旦在使用和检修时爆炸，便是一场灾难性事故。

一、锅炉水质处理

锅炉给水，不管是地面或地下水，都含有各种组分，如氧气、二氧化碳等气体，还有泥沙之类的悬浮物、动植物腐烂的有机质、溶解于水中的各种矿物质以及微生物。为了防止这些组分对锅炉的腐蚀和破坏，应对锅炉给水进行处理。

目前水质处理方法主要从两方面进行，一种是炉外水处理，另一种是炉内水处理。

1. 炉外水处理

炉外水处理主要是水的软化，即在水进入锅炉之前，通过物理的、化学的及电化学的方法除去水中的钙、镁硬度盐和氧气，防止锅炉结垢和腐蚀。

（1）预处理。在原水使用前应进行沉淀、过滤、凝聚等净化处理。对于高硬度或高碱度的原水，在离子交换软化前，还应采用化学方法进行预处理。

（2）软化处理。采用离子交换软化，基本原理是原水流经阳离子交换剂时，水中的 Ca^{2+}、Mg^{2+} 等阳离子被交换剂吸附，而交换剂中的可交换离子（Na^+ 或 H^+）则溶入水中，从而除去了水中钙、镁离子，使水得到了软化。

（3）除氧处理。水中往往溶解有氧（O_2）、二氧化碳（CO_2）等气体，使锅炉易发生腐蚀。除氧的方法有喷雾式热力除氧、真空除氧和化学除氧。常见的是热力除氧。

2. 炉内水处理

锅炉给水在炉外进行软化处理，可有效防止锅炉受热面上的结垢。但需要较多的设备和投资，增加了人员和维护费用，这对某些小型锅炉房是比较难实现的，此时采用炉内水处理。炉内水处理是通过向锅炉给水投加一定数量的药剂，与形成水垢的盐类起化学作用，生成松散的泥垢沉淀，然后通过排污系统将泥垢从锅炉内排出，以达到减缓或防止水垢形成的目的。

二、锅炉运行的安全管理

工业锅炉中最常见的事故有锅内缺水、锅炉超压、锅内满水、汽水共腾、炉管爆破、炉膛爆炸、二次燃烧、锅炉灭火等。其中以蒸汽锅炉缺水事故所占的比率为最高。由于锅炉缺水，造成锅炉烧坏、爆炸，给国民经济造成的损失是十分重大的。考察目前所有锅炉事故，值得深思的是这些常见事故几乎都发生在工业锅炉方面。因此，对从事工业锅炉安全管理的工作者和有关操作人员来说，搞好锅炉安全运行，做到防患于未然，是一项艰巨而重要的任务。

1. 点火升压的安全要求

一般锅炉上水后即可点火升压，从锅炉点火到锅炉蒸汽压力上升到工作压力，这个阶段要注意以下问题。

（1）点火前分析炉膛内可燃物的含量，防止炉膛内爆炸。

（2）锅炉的升压过程要缓慢进行，防止热应力和热膨胀造成破坏。

（3）防止异常情况及事故出现，严密监视各种仪表指示的变化。

（4）暖管（用蒸汽加热管道、阀门、法兰等元件）过程宜缓慢，并汽（投入运行的锅炉向共用的蒸汽总管供汽）时应燃烧稳定、运行正常。

2. 锅炉运行中的安全要点

（1）水位波动范围不得超过正常水位±50mm。

（2）用气锅炉的气压允许波动范围为±49kPa。

（3）燃烧室内火焰要充满整个炉膛，力求分布均匀，以利于水的自然循环，保证传热效果。

（4）定期排污一班一次，排污以降低水位 25～50mm 为宜，排污一般在锅炉负荷较低时进行。

3. 停炉的安全要求

（1）临时停炉（压火）

① 减少通风量，降低负荷。

② 炉排由高速变为低速运行 20min。关闭煤闸板，待煤离开闸板 400～500mm 时，停止炉排。

③ 先停鼓风机，后停引风机。

④ 停炉期间，要监视压力和水位。

⑤ 压火时间过长，要注意缓火，以防煤斗烧坏。

（2）紧急停炉（事故停炉）

① 关闭煤闸板，机械炉排以最快速度将炉排上的燃料排尽。

② 停止鼓风机、引风机，如系炉管炸破事故，引风机不可停止。

③ 难排的红火迅速扒出或用湿煤压熄火床。

④ 保持锅炉水位，严重缺水时不得上水，需关掉蒸汽阀门。

第六章
其他化工生产安全技术

对于化学品储存、实验室安全操作、防火防爆、电气与静电防护、工业防毒等生产安全技术也要有相对完善的了解。

第一节 化学品储存安全技术

化学品包括化学单质、化合物、混合物、商业用化工产品、清洁剂、溶剂及润滑剂等。大多数化学品具有毒性、刺激性、腐蚀性、致癌性、易燃性或爆炸性等危险危害性。有些化学品单独使用时是安全的，但实验中按实验安排或意外跟其他化学品混合，却可能有危险，故接触和使用化学品的人员必须清楚地知道化学品单独使用或其他化学效应可能引起的危险情况，并采取适当的预防和控制措施。

实验室危险化学品可分为8类，即爆炸品，压缩气体和液化气体，易燃液体，易燃固体、自燃物品和遇湿易燃物品，氧化剂和有机过氧化物，有毒品，放射性物品，腐蚀品。在使用和储存危险化学品时，必须按照标准或规范进行，并加强管理，避免危险事故的发生。

以下按上述分类，对各类危险化学品及其使用和储存的注意事项做简要介绍。

一、爆炸品

爆炸品包括2,4,6-三硝基甲苯（别名TNT）、环三亚甲基三硝胺（别名黑索金）、雷酸汞等。

爆炸品储存注意事项如下：

（1）应储存在阴凉通风处，远离明火、远离热源，防止阳光直射，存放温度一般为15~30℃，相对湿度一般为65%~75%；

（2）使用时严防撞击、摔、滚、摩擦；

（3）严禁与氧化剂、自燃物品、酸、碱、盐、易燃物、金属粉末储存在一起。

二、压缩气体和液化气体

易燃气体：如正丁烷、氢气、乙炔等。

不燃气体：如氮、二氧化碳、氙、氩、氖、氦等。

有毒气体：如氯、二氧化硫、氨等。

注意事项：同各类钢瓶管理的规定。

三、易燃液体

有汽油、乙硫醇、二乙胺、乙醚、丙酮等。

注意事项如下：

（1）应储存在阴凉通风处，远离火种、热源、氧化剂及酸类物质；

（2）存放处温度不得超过 30℃；

（3）轻拿轻放，严禁滚动、摩擦和碰撞；

（4）定期检查。

四、易燃固体、自燃物品和遇湿易燃物品

1. 易燃固体

有 N,N-二亚硝基五亚甲基四胺、二硝基萘、红磷等。

注意事项如下：

（1）应储存在阴凉通风处，远离火种、热源、氧化剂及酸类物质；

（2）不要与其他危险化学试剂混放；

（3）轻拿轻放，严禁滚动、摩擦和碰撞；

（4）防止受潮发霉变质。

2. 自燃物品

有二乙基锌、连二亚硫酸钠、白（黄）磷等。

注意事项如下：

（1）应储存在阴凉、通风、干燥处，远离火种、热源，防止阳光直射；

（2）不要与酸类物质、氧化剂、金属粉末和易燃易爆物品共同存放；

（3）轻拿轻放，严禁滚动、摩擦和碰撞。

3. 遇湿易燃物品

有三氯硅烷、碳化钙等。

注意事项如下：

（1）存放在干燥处；

（2）与酸类物品隔离；

（3）不要与易燃物品共同存放；

（4）防止撞击、震动、摩擦。

五、氧化剂和有机过氧化物

1. 氧化剂

有过氧化钠、过氧化氢溶液（40％以下）、硝酸铵、氯酸钾、漂粉精（主要成分次氯酸钙）、重铬酸钠等。

注意事项如下：

（1）该类化学试剂应密封存放在阴凉、干燥处；

（2）应与有机物、易燃物、硫、磷、还原剂、酸类物品分开存放；

（3）轻拿轻放，不要误触皮肤，一旦误触，应立即用水冲洗。

2. 有机过氧化物

有过乙酸、过氧化十二酰、过氧化甲乙酮等。

注意事项如下：

（1）存放在清洁、阴凉、干燥、通风处；

（2）远离火种、热源，防止日光暴晒；

（3）不要与酸类、易燃物、有机物、还原剂、自燃物、遇湿易燃物存放在一起；

（4）轻拿轻放，避免碰撞、摩擦，防止引起爆炸。

六、有毒品

1. 剧毒类化学试剂

无机剧毒类化学试剂，如氰化物，砷化物，硒化物，汞、铍、铊、磷的化合物等。有机剧毒类化学试剂，如硫酸二甲酯、四乙基铅、醋酸苯等。

2. 毒害化学试剂

无机毒害化学试剂类，如汞、铅、钡、氟的化合物等。有机毒害化学试剂类，如乙二酸、四氯乙烯、甲苯二异氰酸酯、苯胺等。

注意事项如下：

（1）有毒化学试剂应放置在通风处，远离明火、热源；

（2）有毒化学试剂不得和其他种类的物品（包括非危险品）共同放置，特别是与酸类及氧化剂共放，尤其不能与食品放在一起；

（3）进行有毒化学试剂实验时，化学试剂应轻拿轻放，严禁碰撞、翻滚，以免摔破漏出；

（4）操作时，应穿戴防护服、口罩、手套；

（5）实验时严禁饮食、吸烟；

（6）实验后应洗澡和更换衣物。

七、放射性物品

如钴-60、独居石、镭、铀等。

注意事项如下：

（1）用铅制罐、铁制罐或铅铁组合罐盛装；

（2）实验操作人员必须做好个人防护，工作完毕后必须洗澡更衣；

（3）严格按照放射性物质管理规定管理放射源。

八、腐蚀品

酸性腐蚀性化学试剂如硝酸、硫酸、盐酸、磷酸、甲酸、氯乙酰氯、冰醋酸、氯磺酸、溴素等。碱性腐蚀性化学试剂如氢氧化钠、硫化钠、乙醇钠、二乙醇胺、二环己胺、水合肼等。

注意事项如下：

（1）腐蚀性化学试剂的品种比较复杂，应根据其不同性质分别存放；

（2）易燃、易挥发物品，如甲酸、溴乙酰等应放在阴凉、通风处；

（3）受冻易结冰物品（如冰醋酸），低温易聚合变质的物品（如甲醛）则应存放在冬暖夏凉处；

（4）有机腐蚀品应存放在远离火种、热源及氧化剂、易燃品、遇湿易燃物品的地方；

（5）遇水易分解的腐蚀品，如五氧化二磷、三氯化铝等应存放在较干燥的地方；

（6）漂白粉、次氯酸钠溶液等应避免阳光照射；

（7）碱性腐蚀品应与酸性试剂分开存放；

（8）氧化性酸应远离易燃物品；

（9）实验室应备有诸如苏打水、稀硼酸水、清水一类的救护物品和药水；

（10）做实验时应穿戴防护用品，避免洒落、碰翻、倾倒腐蚀性化学试剂；

（11）实验时，人体一旦误触腐蚀性化学试剂，接触腐蚀性化学试剂的部位应立即用清水冲洗 5~10min，视情况决定是否就医。

第二节　化学实验室安全技术

一、化学实验室安全操作若干具体规程

（1）化学实验时应打开门窗和通风设备，保持室内空气流通；进行易挥发有害液体、易产生严重异味、易污染环境的实验时应在通风橱内进行。

（2）所有通气或加热的实验（除高压反应釜）应接有出气口，防止因压力过度升高而发生爆炸。需要隔绝空气的，可用惰性气体或油封来实现。

（3）实验操作时，保证各部分无泄漏（液、气、固），特别是在加热和搅拌时无泄漏。

（4）各类加热器都应该有控温系统，如通过继电器控温的，一定要保证继电器的质量和有效工作时间，容易被氧化的各个接触点要及时更换，加热器各种插头应该插到位并紧密接触。

（5）实验室各种溶剂和药品不得敞口存放，所有挥发性和有气味物质应放在通风橱或橱下的柜中，并保证有孔洞与通风橱相通。

（6）回流和加热时，液体量不能超过瓶容量的 2/3，冷却装置要确保能达到被冷却物质的沸点以下；旋转蒸发时，不应超过瓶容积的 1/2。

（7）熟悉减压蒸馏的操作程序，不要发生倒吸和暴沸事故。

（8）做高压实验时，通风橱内应配备保护盾牌，实验人员必须戴防护眼镜。

（9）保证煤气开关和接头的密封性，实验人员应可独立检查漏气的部位。

（10）实验室应该备有沙箱、灭火器和石棉布，实验人员必须明确何种情况用何种方法灭火，熟练使用灭火器。

（11）需要循环冷却水的实验，要随时监测实验进行过程，人不能随便离开，以免减压或停水发生爆炸和着火事故。

（12）各实验室应备有治疗割伤、烫伤及酸、碱、溴等腐蚀损伤的常规药品，清楚如何进行急救。

（13）增强环保意识，不乱排放有害药品、液体、气体等污染环境的物质。

（14）严格按规定放置、使用和报废各类钢瓶及加压装置。

二、化学实验室科研用设备设施

化学实验室设计、建造较好，公用设施齐备，只是给科研活动提供了一个安全、规范的平台，是否能安全、环保地进行科研工作，还要看科研人员如何去操作。以下将讨论和科研实践密切联系的设施、设备方面相关的安全问题和注意事项。

1. 固定设备设施

（1）实验准备台及试剂的存放

① 实验准备台应具备台面平整、不易碎裂、耐酸碱及耐溶剂腐蚀、耐热、不易碰碎玻璃器皿等特性。

② 实验准备台中间配备多层试剂架，可存放临时用的非挥发、非腐蚀的化学试剂、pH 试纸、标准溶液，以及低值易耗的实验用品。

③ 切记，液体不得放置在上层。

④ 若没有配备万向吸风罩，实验用溶剂、腐蚀性液体等试剂不可以在准备台上存放、处置。

（2）实验室储物柜

① 实验室的储物柜可存放常用玻璃仪器、实验用低值易耗品、阶段性使用化学试剂及实验中间体或待分析样品；存储物品应分门别类，柜门上要有明细表。

② 易制爆试剂、易制毒化学品、剧毒化学品不得存放在实验室，要专人、专门房间存放，出入有记录，实施"五双"管理（双人保管、双人领取、双人使用、双把锁、双本账）。

③ 腐蚀性试剂可存放在耐腐蚀柜中。

④ 挥发性液体要存放在有排风、防静电的储物柜中。

⑤ 存放时要遵照化学品存放的相关法律法规，不得违反其禁忌关系。

⑥ 暂存的挥发性、腐蚀性液体（甲酸、酰氯、盐酸等）橱柜，要耐腐蚀，且能排风。

⑦ 存储时要分类、密封，避免试剂（产品）之间的交叉污染。

⑧ 暂存化学品的量不得超过一周实验用的试剂量。

（3）排水系统与废液处理　化学实验室的排水管原则上是和周边（如工厂、园区）的专业废水处理系统联网的，但不一定能保证管网是有效的。因此，要避免含物料的废液、洗涤反应系统的头道废水进入下水道，保护土壤、水源、环境不受污染。

① 实验室废液要分门别类，按其禁忌关系暂时储存在不同的废液桶中。

② 玻璃仪器洗涤时，先用少量水淋洗 2 次，再在水槽中洗涤，高浓度的淋洗液倒入废液桶暂存。

③ 操作易燃有机废液时要注意防静电。

④ 废液桶要标明大概成分、pH 等数据；分类收集的废液要委托有相应危险废物处理资质的单位定期运走处理。

（4）有机实验室

① 实验常用易挥发、易燃、易爆的有机物，且有机气体大都重于空气，容易在低处聚集，为安全考虑，实验室要安装可燃气体检测器。

② 有机实验室应有防静电装置。

③ 搅拌机、电器开关、插座等仪器设备都应该是防爆的。

④ 实验都应在通风橱里操作，没有例外。

⑤ 要保持有机实验室的通风状态，降低挥发性有机物在工作环境中的浓度。

⑥ 实验废液含挥发性溶剂，应放在专设的通风橱内；倒入废液桶前要考虑

废液中所含化学品的禁忌，有可能反应的废液不得混放。

⑦ 有机实验基本上用玻璃设备，玻璃是脆弱的，尤其是有缺陷的玻璃制品；实验前一定要检查玻璃设备的完整性，以降低升温、降温、反应、应力等因素致使其破裂而造成伤害或事故的概率。

⑧ 实验中测量温度时大都用玻璃水银温度计，储存水银的玻璃球外壁很薄，特别脆弱，使用时要小心，否则玻璃球破裂，剧毒、挥发性的水银泄漏，会危害健康、污染环境或导致实验失败；破损后，可收集的水银应置于水下暂存，已被污染的区域覆盖硫黄粉以减轻其危害。

（5）无机实验室

① 无机实验室操作时也会用到乙醚、乙醇等易燃、易爆的有机化合物，实验室防火、防爆等设施要遵守有机实验室的安全规定。

② 无机实验常用到无机盐的烧杯等敞口容器对水溶液浓缩的操作，切记操作要在通风橱中进行，必须佩戴合适的个人防护用品，因为不挥发的金属盐会被水蒸气带到空气中从而造成人身伤害。

③ 马弗炉加热、热过滤等带热操作，切记从马弗炉取出的有余热的容器要放置在石棉网等隔热的防火材料上，预防高温容器引起的设施损坏或火灾；热过滤的滤瓶同样要放置在石棉网等隔热材料上，防止滤瓶破裂造成事故。

④ 无机实验用的许多试剂有禁忌，如氧化剂与还原剂，弱酸盐与强酸、碱与酸等，使用或实验前暂时存放时要注意隔离，避免安全事故和交叉污染造成损失。

⑤ 钠、钾应保存在煤油里，用镊子、刀处理、取用；镊子、刀用毕置于醇中，不得碰水，避免残余在镊子和刀上的金属遇水、氧后放出氢气、热量发生自燃。

⑥ 白（黄）磷应保存在水里，用镊子、刀取用、处理。白磷剧毒，且在空气中自燃。

⑦ 在氰化物存放、使用环境中不能有挥发性酸（浓硝酸、浓盐酸等），以避免其生成氢氰酸造成伤害。

⑧ 挥发性酸应单独存放在防腐蚀、通风的酸橱内，避免对电器、金属用品的腐蚀，以及酸气被其他化合物吸附造成交叉污染。

（6）急救箱及安全设施

① 无机实验室急救箱应配备的用品

a. 牛奶：身体组织的化学品伤害的替代物。

b. 氢氧化镁乳剂：酸性物体的中和剂。

c. 硫酸镁溶液：重金属中毒急救。

d. 碳酸氢钠或稀氨水：酸灼伤水冲洗后的中和剂。

e. 1%的柠檬酸或硼酸水溶液：碱灼伤水冲洗后的中和剂。

f. 20%的硫代硫酸钠溶液：溴灼伤洗涤剂。

g. 饱和硫酸镁溶液：氢氟酸灼伤水冲洗后的洗涤剂。

② 洗眼器和喷淋器　洗眼器和喷淋器是重要的安全设施，须按时检验、清洁，以保证其有效性。

2. 实验用设备设施

（1）玻璃仪器　玻璃仪器在实验室应用最为广泛，有很大部分事故和玻璃仪器相关，因此，了解玻璃的性质对实验安全操作是很重要的。

① 玻璃仪器的特性

a. 玻璃硬且易碎；万一破碎，边缘像刀刃一样，易造成伤害。

b. 抗压力强，但抗拉力弱，应力下（真空、压力或冷、热操作等）本身有缺陷或稍有损伤就会造成断裂、破碎；飞溅的玻璃碎片堪比弹片。

c. 导热性差，厚料玻璃导热性更差，加热、降温不均匀易造成损害。

d. 遇碱性物或高温下，接触面易产生粘连，致使拆卸困难造成损害。

e. 玻璃装置是多个玻璃仪器通过磨口或橡皮塞等连接而成的装置，容易产生应力，而且不耐压。

② 玻璃仪器的使用

a. 安装玻璃装置前，要仔细检查，确保其无裂纹、针眼、变形等缺陷。

b. 若烧瓶质量因磨损、腐蚀变轻了（新瓶质量的 90%以下），应预防性废弃。

c. 安装或拆卸玻璃装置时，要戴防护手套；实验过程中要戴防护眼镜。

d. 安装玻璃装置时，紧固件须松紧适当，使连接处不产生（或少产生）应力（扭力、拉力等）。

e. 玻璃仪器在暂时存放、洗涤过程中要放在软垫上。

f. 常用玻璃仪器是不耐压的，玻璃装置必须要有出气口，不得带压操作。

g. 回流反应或产气反应操作，要用冷却面积适当的冷却器，避免气体冷不下来造成瓶内压力过高，从而造成冲料或爆炸等事故。

h. 高温或真空操作时磨口处要采取防粘连措施；若发生粘连，拆卸时要戴防护手套。

i. 玻璃仪器若有破损，要及时彻底清理、清洗，定置存放，标注清楚，避免锋利的玻璃或附着的化学品造成伤害。

（2）旋转蒸发器 旋转蒸发器用于高效快速的液体脱溶、高低沸组分粗放式分离和固体干燥，是集蒸馏、加热、冷凝于一体的组合型玻璃装置。操作过程中需注意以下几点。

① 使用前，先观察玻璃部件（蒸馏瓶、接收瓶、冷凝器）的完好性，再调试旋转、真空系统、加热装置的有效性。

② 打开冷凝水，向蒸馏瓶中加料（不得超过蒸馏瓶的 2/3，如果是低沸的再适当减少），开真空吸住蒸馏瓶，再开旋转，最后加热；磨口要涂真空硅脂。

③ 旋转速度、加热温度过高可造成暴沸，使实验失败或引发安全事故。

④ 蒸馏完毕后，停止旋转、加热；打开放空阀，取下蒸馏瓶；然后关真空、电源。

⑤ 含过氧化物、硝基化合物，易聚合放热等会有突发性能量释放的溶液，不得用旋转蒸发器处理。

⑥ 含水分（或溶剂）的固体加入蒸馏瓶中，同样操作即可。

（3）干燥设备 大部分固体化合物都是在液体介质中制备或在液体中结晶得到的，要获得纯的产品，必须要脱除附着的溶剂或水，必须要经过干燥设备处理。

实验室烘干设备有常压、正压烘干设备（鼓风）和负压烘干设备（真空）等几种；按加热方式分为常规烘干设备（电加热、蒸汽加热）、冷冻烘干设备（冻干）和辐射烘干设备（红外、微波加热）等几种；按烘干物料在过程中运动方式又可分为固定式烘干设备（固定床，如托盘干燥）和动态烘干设备（流动床、履带式、旋转干燥、喷雾干燥等）。另外，以上 3 种方式可以有机结合形成多种高效、专用的烘干方式，如旋转真空干燥、低温喷雾干燥等。干燥设备使用应注意以下几点。

① 一般烘干设备内部设计是不防爆的，不宜用于干燥挥发性易燃物品或易产生粉尘的产品。

② 过氧化物、硝基化合物等易爆化合物的烘干，要用专用的设备和采用合适的操作程序。

③ 一般烘干设备内部设计是不防腐的，不宜用于干燥腐蚀性物品。

④ 易分解化合物应该用真空烘箱干燥。

⑤ 烘干操作属于热（冷）工操作，必须佩戴合适的个人防护用品，如防止烫伤（冻伤）的专用手套、口罩和防护眼镜等。

⑥ 烘箱长时间运转可能会加热失控（部件损坏、电压变化），建议不用时关闭电源。

⑦ 旋转蒸发器稍作改变，便可具有旋转真空干燥、喷雾真空干燥等高效干燥的功能，又具有可视性，是研究干燥的一大利器。

⑧ 微波炉干燥化合物，具有高效、节能的特点。

(4) 夹套玻璃反应釜及配套高低温循环装置　带夹套的 10~50L 的玻璃反应釜、旋转蒸发器是化学实验室常用的中试放大设备，而高低温循环装置是配套的控温设备，通过加热的或冷却的导热油夹套循环来控制反应温度，十分方便，效果很好。

夹套反应釜体积大、玻璃较厚且夹套和釜体是焊接的，可能存在缺陷、应力不均匀等安全隐患，因此使用时要注意安全。设备启用前要先进行调试。

① 启动高低温循环装置的导热油进、出阀门，设置导热油温度在高限，加热并开循环；温度到高限后再运行 1h，以确保夹套玻璃反应釜及配套高低温循环装置高温运行的安全性。

② 然后开启制冷模式，设置导热油温度在低限，制冷并循环；温度到低限后运行 1h，以确保夹套玻璃反应釜及配套高低温循环装置高低温转换和低温运行的安全性。

③ 夹套反应釜稍加改装，便成了减压蒸馏装置，前面两条也要在真空状态下实验，以确保夹套玻璃反应釜及配套高低温循环装置高温、低温真空条件运行的安全性。

④ 高温或低温操作后，继续循环，等夹套油温回到室温后，才能关闭循环和导热油进出阀门。若高温下关阀，会造成夹套内导热油在密闭空间内冷却收缩，易造成反应釜破裂，尤其是夹套、釜体焊接部位；若低温下关阀，夹套内导热油在密闭空间内升温，膨胀，易产生高压造成反应釜破裂。

⑤ 反应釜是易碎、不耐冲击的玻璃制品，不是安全的化学品存储容器；操作后要及时清空，反应液要立即处理并妥善存放，以防止意外发生，造成安全事故或财产损失。

(5) 大型玻璃仪器的安全操作　化学实验室微量或小量工艺试验成功后，大都会适时放大甚至中试，为科研成果进一步规模化、产业化做准备。大的（5L以上）、脆的、不耐冲击、易碎玻璃设备人工操作起来，因重量大（含物料）、圆的外形且外壁湿滑等因素使危险性更大，而且不易控制。

建议中试放大时，应该借鉴化工生产的成功安全操作方式，利用虹吸、真空、离心等方式来转移物料或分离操作，尽可能地减少人工操作，减少安全隐患。

在有机物料转移和处理时，必须要控制转移速度以降低静电危害；操作要在通风橱内进行，按化学品安全说明书（MSDS）的要求穿戴个人防护用品（PPE）。

第三节　防火防爆安全技术

一、点火源的控制

1. 明火的管理与控制

明火：加热用火、维修用火及其他火源。

（1）加热用火　加热易燃液体时，应尽量避免采用明火，而采用蒸气、过热水、中间载热体或电热等；如果必须采用明火，则设备应严格密闭，并定期检查，防止泄漏。工艺装置中明火设备的布置，应远离可能泄漏的可燃气体或蒸气的工艺设备及储罐区；在积存有可燃气体、蒸气的地沟、深坑、下水道内及其附近，没有消除危险之前，不能进行明火作业。在确定的禁火区内，要加强管理，杜绝明火的存在。

（2）维修用火　维修用火主要是指焊割、喷灯、熬炼用火等。在有火灾爆炸危险的厂房内，应尽量避免焊割，凡动火，须将可燃物清理干净，防止烟道串火和熬锅破漏，防止物料过满而溢出，严格执行动火安全规定。

（3）其他火源　烟囱飞火、机动车的排气管喷火都可以引起可燃气体、蒸气的燃烧爆炸。

2. 高温表面的管理与控制

在化工生产中，加热装置、高温物料输送管线及机泵等，其表面温度较高，要防止可燃物落在上面，引燃着火。可燃物的排放要远离高温表面。

3. 电火花及电弧的管理与控制

电火花是电极间的击穿放电，电弧则是大量的电火花汇集的结果。电火花分为工作火花和事故火花。工作火花是指电气设备正常工作时或正常操作过程中产生的火花。为了满足化工生产的防爆要求，必须了解并正确选择防爆电气设备的类型。

（1）防爆电气设备标志　防爆电气设备在标志中除了标出类型外，还标出适用的分级分组。防爆电气标志一般由四部分组成，以字母或数字表示。由左至右依次为：防爆电气设备类型的标志＋Ⅱ（即工厂用防爆电气设备）＋爆炸混合物的级别＋爆炸混合物的组别。

（2）防爆电气设备的类型

① 隔爆型电气设备。

② 增安型电气设备，是在正常运行情况下不产生电弧、火花或危险温度的电气设备。它可用于1区和2区危险场所，价格适中，可广泛使用。

③ 正压型电气设备，能阻止外部爆炸性气体进入设备内部引起爆炸，可用于1区和2区危险场所。

④ 本质安全型电气设备，是由本质安全电路构成的电气设备。

⑤ 充油型电气设备，用于运行中经常产生电火花以及有活动部件的电气设备。

⑥ 充砂型电气设备。

⑦ 无火花型电气设备。

⑧ 防爆特殊型电气设备。该类设备必须经指定的鉴定单位检验。

（3）燃烧与爆炸　燃烧必须在可燃物质、助燃物质和点火源这三个基本条件同时具备时才能发生。根据燃烧的起因不同分为闪燃、着火和自燃三类。爆炸是物质在瞬间以机械功的形式释放出大量气体和能量的现象。爆炸分为物理性爆炸、化学性爆炸及粉尘爆炸。

4. 静电的管理与控制

化工生产中，物料、装置、器材、构筑物以及人体所产生的静电积累，对安全构成严重威胁。静电防护主要有工艺控制法、泄漏接地法和中和法。下列生产设备应有可靠的接地：输送可燃气体和易燃液体的管道以及各种闸门、灌油设备和油槽车；通风管道上的金属过滤网；生产或加工易燃液体和可燃气体的设备储罐；输送可燃粉尘的管道和生产粉尘的设备以及其他能够产生静电的生产设备。

5. 摩擦与撞击的管理与控制

（1）设备应保持良好的润滑，并严格保持一定的油位。

（2）搬运盛装可燃气体或易燃液体的金属容器时，严禁抛掷、拖拉、震动，防止因摩擦与撞击而产生火花。

（3）防止铁器等落入粉碎机、反应器等设备内因撞击而产生火花。

（4）防爆生产场所禁止穿带铁钉的鞋。

（5）禁止使用铁制工具。

二、火灾爆炸危险物质的处理

化工生产中存在火灾爆炸危险物质时，应采取选用替代物、密闭或通风、惰性介质保护等多种措施防范处理。

1. 用难燃或不燃物质代替可燃物质

选择危险性较小的液体时，沸点及蒸气压很重要，因为沸点在110℃以上的液体，常温下不能形成爆炸浓度。

2. 根据物质的危险特性采取措施

对本身具有自燃能力的油脂以及遇空气自燃、遇水燃烧爆炸的物质等，应采取隔绝空气、防水、防潮或通风、散热、降温等措施，以防止物质自燃或发生爆炸。相互接触能引起燃烧爆炸的物质不能混存，遇酸、碱易分解爆炸的物质应防止与酸、碱接触，对机械作用比较敏感的物质要轻拿轻放。易燃、可燃气体和液体蒸气要根据它们的密度采取相应的处理方法。根据物质的沸点、饱和蒸气压考虑设备的耐压强度、储存温度、保温降温措施等。根据它们的闪点、爆炸范围、扩散性等采取相应的防火防爆措施。某些物质如乙醚等，受到阳光作用可生成危险的过氧化物，因此，这些物质应存放于金属桶或暗色的玻璃瓶中。

3. 密闭与通风措施

（1）密闭措施　为防止易燃气体、蒸气和可燃性粉尘与空气构成爆炸性混合物，应设法使设备密闭。加压设备防逸出，负压设备防进入空气。如设备本身不能密闭，可采用液封。例如在焙烧炉、燃烧室及吸收装置中都是采用这种方法。

（2）通风措施　实际生产中，还要借助通风措施来降低车间空气中可燃物的含量。通风方式可分为机械通风和自然通风。其中，机械通风可分为排风和送风。

4. 惰性介质保护

化工生产中常将氮气、二氧化碳等惰性介质用于以下几个方面。

（1）易燃固体物质的粉碎、研磨、筛分、混合以及粉状物料输送等的保护。

（2）可燃气体混合物在处理过程中加入惰性介质保护。

（3）具有着火爆炸危险的工艺装置、储罐、管线等配备惰性介质，以备在发生危险时使用。可燃气体的排气系统尾部常用氮封。

（4）采用惰性介质（氮气）压送易燃液体。

（5）爆炸性危险场所中，非防爆电器、仪表等的充氮保护以及防腐蚀等。

（6）有着火危险的设备的停车检修处理。

（7）危险物料泄漏时用惰性介质稀释。

例如，氢气的充填系统最好备有高压氮气。化工生产中惰性介质的需用量取决于系统中氧浓度的下降值。使用惰性气体时必须注意防止使人窒息。

三、工艺参数的安全控制

1. 温度控制

温度是化工生产中的主要控制参数之一。

（1）控制反应温度 化学反应一般都伴随有热效应，放出或吸收一定热量。例如基本有机合成中的各种氧化反应、氯化反应、聚合反应等均是放热反应；而各种裂解反应、脱氢反应、脱水反应等则为吸热反应。通常利用热交换设备来调节装置的温度。

（2）防止搅拌意外中断 例如采取双路供电，增设人工搅拌装置、自动停止加料设置及有效的降温手段等。

（3）正确选择传热介质

① 避免使用和反应物料性质相抵触的介质作为传热介质。

② 防止传热面结垢。

2. 投料控制

投料控制主要是指对投料速度、投料配比、投料顺序、原料纯度以及投料量的控制。

3. 溢料和泄漏的控制

物料的溢出和泄漏，通常是由人为操作错误、反应失去控制、设备损坏等原因造成的。

可从工艺指标控制、设备结构形式等方面采取相应的措施。加强维护管理，防止物料跑、冒、滴、漏。特别要防止易燃、易爆物料渗入保温层。对于接触易燃物的保温材料要采取防渗漏措施。

4. 自动控制与安全保护装置

（1）自动控制 化工自动化生产中，主要是对连续变化的参数进行自动调节。对于在生产控制中要求一组机构按照一定时间间隔作周期性动作的，如合成氨生产中原料气的制造，要求一组阀门按一定的要求作周期性切换，可采用自动程序控制系统来实现。

（2）安全保护装置

① 信号报警装置。

化工生产中，在出现危险状态时信号报警装置警告操作者及时采取措施，消除隐患。发出信号的形式一般为声、光等，通常都与测量仪表相联系。信号报警装置只能提醒操作者注意已经发生的不正常情况或故障，不能自动排除故障。

② 保险装置。

如锅炉、压力容器上装设的安全阀和防爆片等安全装置。

③ 安全联锁装置。

安全联锁装置是对操作顺序有特定安全要求、防止误操作的一种安全装置，分为机械联锁和电气联锁。常见的安全联锁装置用于以下几种情况：

a. 同时或依次放两种液体或气体时。

b. 在反应终止需要惰性气体保护时。

c. 打开设备前预先解除压力或需要降温时。

d. 当两个或多个部件、设备、机器由于操作错误容易引起事故时。

e. 当工艺控制参数达到某极限值，开启处理装置时。

f. 某危险区域或部位禁止人员入内时。

四、防火防爆的设施控制

1. 安全防范设计

化工生产中，安全防范设计是事故预防的第一关。因某些设备与装置危险性较大，应采取分区隔离、露天布置和远距离操作等措施。

2. 阻火装置防火

阻火装置的作用是防止外部火焰蹿入有火灾爆炸危险的设备、管道、容器，或阻止火焰在设备或管道间蔓延。阻火装置主要包括阻火器、安全液封、单向阀、阻火闸门等。

阻火器的工作原理是使火焰在管中蔓延的速度随着管径的减小而降低，最后可以达到一个火焰不蔓延的临界直径。

阻火器有金属网、砾石和波纹金属片等形式。

（1）金属网阻火器。其是用若干具有一定孔径的金属网把空间分隔成许多小孔隙。对一般有机溶剂采用 4 层金属网即可阻止火焰蔓延，通常采用 6～12 层。

（2）砾石阻火器。阻火器内的空间被分隔成许多非直线形小孔隙，能有效地阻止火焰的蔓延，其阻火效果比金属网阻火器更好。阻火介质的直径一般为 3～4mm。

（3）波纹金属片阻火器。用 0.1～0.2mm 厚的不锈钢带压制而成波纹形，形成许多三角形孔隙，可阻止火焰通过，阻火层厚度一般不大于50mm。

五、初起火灾的扑救

1. 生产装置初起火灾的扑救

（1）迅速查清着火部位、着火物质的来源，及时准确地关闭阀门，切断物料来源及各种加热源；开启冷却水、消防蒸汽等，进行有效冷却或有效隔离；关闭通风装置，防止风助火势或沿通风管道蔓延，从而有效地控制火势，以利于灭火。

（2）带有压力的设备物料泄漏引起着火时，应切断进料并及时开启泄压阀门，进行紧急放空，同时将物料排入火炬系统或其他安全部位，以利于灭火。

（3）现场当班人员应迅速果断地做出是否停车的决定，并及时向厂调度室报告情况和向消防部门报警。

（4）当班的班长应对装置采取准确的工艺措施，并充分利用现有的消防设施及灭火器材进行灭火。若难以扑灭，则要采取防止火势蔓延的措施，保护要害部位，转移危险物质。

（5）在专业消防人员到达火场时，生产装置的负责人应主动向消防指挥人员介绍情况，说明着火部位、物质情况、设备及工艺状况，以及已采取的措施等。

2. 易燃、可燃液体储罐初起火灾的扑救

（1）易燃、可燃液体储罐发生着火、爆炸，特别是罐区某一储罐发生着火、爆炸是非常危险的。一旦发现火情，应迅速向消防部门报警，并向厂调度室报告。

（2）若着火罐尚在进料，必须采取措施迅速切断进料。如无法关闭进料阀，可在消防水枪的掩护下进行抢关，或通知送料单位停止送料。

（3）若着火罐区有固定泡沫发生站，则应立即启动该装置，开通着火罐的泡沫阀门，利用泡沫灭火。

（4）若着火罐为压力装置，应迅速打开水喷淋设施，对着火罐和邻近储罐进行喷淋以防止升温、升压而引起爆炸，打开紧急放空阀门进行安全泄压。

（5）火场指挥员应根据具体情况，组织人员采取有效措施防止物料流散，注意对邻近储罐的保护以及减少人员伤亡。

3. 电气火灾的扑救

(1) 电气火灾的特点 电气设备着火时，着火场所的很多电气设备可能是带电的。同时还有一些设备着火时是绝缘油在燃烧。

(2) 安全措施 扑救电气火灾时，应首先切断电源。切断电源时应严格按照规程要求操作。

① 火灾发生后，电气设备绝缘已经受损，应用绝缘良好的工具操作。

② 选好电源切断点。切断电源地点要选择适当，夜间切断要考虑临时照明问题。

③ 若需剪断电线时，应避免电线落地造成短路或触电事故。

④ 切断电源时如需电力等部门配合，应迅速联系，报告情况，提出断电要求。

(3) 带电扑救时的特殊安全措施

① 带电体与人体保持必要的安全距离。一般室内应大于 4m，室外不应小于 8m。

② 选用不导电灭火剂对电气设备灭火。机体喷嘴与带电体保持最小距离。用水枪喷射灭火时，水枪喷嘴处应有接地措施，保持安全距离并使用绝缘护具。

③ 对架空线路及空中设备灭火时，人体位置与带电体之间的仰角不超过 45°。

(4) 充油设备的灭火

① 充油设备外部着火，可用二氧化碳、干粉等灭火器灭火。油坑中及地面上的油火，可用泡沫灭火。

② 充油设备灭火时，应先喷射边缘，后喷射中心，以免油火蔓延扩大。

4. 人身着火的扑救

人身着火多数是由于工作场所发生火灾、爆炸事故或扑救火灾引起的。也有因用汽油、苯、酒精、丙酮等易燃油品和溶剂擦洗机械或衣物，遇到明火或静电火花而引起。当人身着火时，应采取如下措施：在现场抢救烧伤患者时，应特别注意保护烧伤部位，不要碰破皮肤，以防感染；大面积烧伤患者往往会因为伤势过重而休克，此时伤者的舌头易收缩而堵塞咽喉，发生窒息而死亡，在场人员应将伤者的嘴撬开，将舌头拉出，保证呼吸畅通，同时用被褥将伤者轻轻裹起，送往医院治疗。

第四节　电气与静电防护安全技术

一、电气安全技术

1. 绝缘

绝缘是用绝缘物将带电体封闭起来的技术措施。绝缘材料种类如下：

（1）气体绝缘材料。常用的有空气、氮气等。

（2）液体绝缘材料。常用的有变压器油、开关油、电容器油、电缆油、聚丁二烯等。

（3）固体绝缘材料。常用的有绝缘漆胶、绝缘云母制品、聚四氟乙烯、陶瓷和玻璃制品等。

电气设备的绝缘应符合其相应的电压等级、环境条件和使用条件。

2. 屏护

屏护是采用屏护装置控制不安全因素，即采用遮栏、护罩、护盖、箱（匣）等将带电体同外界隔绝开来的技术措施。

对于高压设备，不论是否有绝缘，均应采取屏护措施或其他防止人体接近的措施。在带电体附近作业时，可采用能移动的遮栏作为防止触电的重要措施。该措施是最简单也是很常见的安全装置。屏护装置必须符合以下安全条件：

（1）屏护装置应有足够的尺寸。

（2）保证足够的安装距离。

（3）接地。

（4）应有标志。

（5）应配合采用信号装置和联锁装置。

（6）屏护装置上锁的钥匙应由专人保管。

3. 保持一定间距

间距是将可能触及的带电体置于可能触及的范围之外。

如架空线路与地面、水面的距离，架空线路与有火灾爆炸危险的厂房的距离等。安全距离的大小决定于电压的高低、设备的类型、安装的方式等因素。

4. 用电安全

安全电压是指不会直接致死或致残的电压，一般环境条件下允许持续接触的"安全特低电压"是 36V。一般规定安全电压为不高于 36V，持续接触安全电压为 24V，安全电流为 10mA。电击对人体的危害程度，主要取决于通过人体电流的大小和通电时间的长短。我国规定的安全电压额定值的等级为 42V、36V、24V、12V、6V。当电气设备采用的电压超过安全电压时，必须按规定采取防止直接接触带电体的保护措施。

5. 保护接地

保护接地就是把在正常情况下不带电、在故障情况下可能呈现危险的对地电压的金属部分同大地紧密地连接起来，把设备上的故障电压限制在安全范围内的安全措施。

6. 保护接零

保护接零是将电气设备在正常情况下不带电的金属部分用导线与低压配电系统的零线相连接的技术防护措施。保护接地与保护接零的比较见表 6-1。

表 6-1 保护接地与保护接零的比较

项目	保护接地	保护接零
含义	用电设备的外壳接地装置	用电设备的外壳接电网的零干线
适用范围	中性点不接地电网	中性点接地的三相四线制电网
目的	起安全保护作用	起安全保护作用
作用原理	平时保持零电位不起作用；当发生碰壳或短路故障时能降低对地电压，从而防止触电事故	平时保持零干线电位不起作用，且与相线绝缘；当发生碰壳或短路时能促使保护装置速动以切断电源
注意事项	确保接地可靠；在中性点接地系统，条件许可时尽可能采用保护接零方式，在同一电源的低压配电网范围内，严禁混用接地与接零保护方式	禁止在零线上装设各种保护装置和开关等；采用保护接零时必须有重复接地才能保证人身安全，严禁出现零线断线的情况

7. 采用漏电保护器

漏电保护器主要用于防止单相触电事故，有防止漏电引起的火灾，及过载保护、过电压和欠电压保护、缺相保护等功能。

8. 正确使用防护用具

防护用具可防止操作人员发生触电事故。常见的防护用具有绝缘杆、绝缘夹钳、绝缘手套、绝缘靴（鞋）、绝缘垫、绝缘台、携带型接地线、验电笔等。

二、触电急救技术

1. 触电急救的要点与原则

触电急救的要点是抢救迅速与救护得法。发现有人触电后，首先要尽快使其脱离电源；然后根据触电者的具体情况，迅速对症救护。现场常用的主要救护方法是心肺复苏法（口对口人工呼吸和胸外心脏按压法）。

触电急救的基本原则：应在现场积极采取相应措施保护触电者生命，并使伤者能减轻伤情、减少痛苦。

遵循"迅速（脱离电源）、就地（进行抢救）、准确（姿势）、坚持（抢救）"的八字原则。

2. 解救触电者脱离电源的方法

使触电者脱离电源，就是要把触电者接触的那一部分带电设备的开关或其他断路设备断开；或设法将触电者与带电设备脱离接触。

（1）使触电者脱离电源的安全注意事项

① 救护人员不得采用金属和其他潮湿的物品作为救护工具。

② 在未采取任何绝缘措施前，救护人员不得直接触及触电者的皮肤和潮湿衣服。

③ 在使触电者脱离电源的过程中，救护人员最好用一只手操作，以防再次发生触电事故。

④ 当触电者站立或位于高处时，应采取措施防止脱离电源后触电者跌倒或坠落。

⑤ 夜晚发生触电事故时，应考虑切断电源后的事故照明或临时照明，以利于救护。

（2）使触电者脱离电源的具体方法

① 触电者若是触带电设备，救护人员应设法迅速切断电源。

② 低压触电时，如果电流通过触电者入地，且触电者紧握电线，可设法用绝缘工具隔开或将电线剪断。

③ 如果触电发生在杆、塔上，若是低压线路，迅速切断电源或登杆用绝缘切断电线断开电源。高压线路且又不可能切断电源时，可用抛铁丝等办法使线路短路。

④ 高压或低压线路救护时，均要预先注意防止发生高处坠落和再次触及其他有电线路的可能。

⑤ 若触电者触及了断落在地面上的杜电高压线，要防止跨步电压伤人。在使触电者脱离带电导线后，亦应迅速将其带至 8～12m 外并立即开始紧急救护；在确认线路已经无电的情况下，方可在触电者倒地现场就地立即进行对症救护。

（3）脱离电源后的现场救护　脱离电源后，应立即就近移至干燥与通风场所，对症救护。

① 情况判别

触电者若出现闭目不语、神志不清情况，应让其就地仰卧平躺，且确保呼吸道通畅，呼叫其名字或轻拍其肩部，以判断触电者是否丧失意识。禁止摇动触电者头部进行呼叫。

触电者若神志昏迷、意识丧失，应立即检查是否有呼吸、心跳，具体可用"看、听、试"的方法尽快进行判定。

② 对症救护

触电者除明显的死亡症状外，按以下三种情况分别进行对症处理。

伤势不重：应让触电者安静休息，不要走动，并严密观察。也可请医生前来诊治，必要时送往医院。

伤势较重：已失去知觉，但心脏跳动和呼吸存在，应使触电者舒适、安静地平卧。解开其衣服包括领口与裤带以利于呼吸。还应注意保暖，并速请医生或送往医院。若出现呼吸停止或心跳停止，应随即分别施行口对口人工呼吸法或胸外心脏按压法进行抢救。

伤势严重：呼吸或心跳停止，甚至都已停止，即处于所谓"假死状态"，则应立即施行口对口人工呼吸及胸外心脏按压进行抢救，同时速请医生或送往医院。在送往医院途中，也不应停止抢救。

三、静电防护技术

防止静电引起火灾爆炸事故是化工静电安全的主要内容。

1. 场所危险程度的控制

如用不燃介质代替易燃介质、通风、惰性气体保护、负压操作等。在工艺允许的情况下，采用大颗粒的粉体代替小颗粒粉体，也是减轻场所危险性的一个措施。

2. 工艺控制

工艺控制是从工艺上采取措施，以限制和避免静电的产生和积累，是消除静电危害的主要手段之一。常用的工艺控制手段有以下几种：控制输送物料的流速以限制静电的产生；选用合适的材料；增加静止时间。

3. 接地

接地是消除静电危害最常见的措施。以下几种情况下需接地。

（1）凡用来加工、输送、储存各种易燃液体、气体和粉体的设备必须接地。

（2）倾注溶剂的漏斗、浮动罐顶、工作站台、磅秤等辅助设备，均应接地。

（3）在装卸汽车槽车之前，应与储存设备跨接并接地；装卸完毕，应先拆除装卸管道，静置一段时间后，然后拆除跨接线和接地线。

（4）可能产生和积累静电的固体和粉体作业设备，如压延机、上光机、砂磨机、球磨机、筛分机、捏合机等，均应接地。

4. 增湿

存在静电危险的场所，在工艺条件许可时，安装空调设备、喷雾器等，提高场所环境相对湿度，消除静电危害。

5. 抗静电剂

抗静电剂具有较好的导电性能或较强的吸湿性。因此，在容易产生静电的高绝缘材料中，加入抗静电剂之后，能降低材料的体积电阻率或表面电阻率，加速静电的泄漏，消除静电的危险。对于固体，若能将其体积电阻率降低至 $1\times10^8\,\Omega\cdot m$ 以下，或将其表面电阻率降低至 $1\times10^8\,\Omega$ 以下，即可消除静电的危险。对于液体，若能将其体积电阻率降低至 $1\times10^8\,\Omega\cdot m$ 以下，即可消除静电的危险。

使用抗静电剂是从根本上消除静电危险的办法，但应注意防止某些抗静电剂的毒性和腐蚀性造成的危害。这应从工艺状况、生产成本和产品使用条件等方面考虑使用抗静电剂的合理性。

6. 静电消除器

静电消除器是一种产生电子或离子的装置，借助于产生的电子或离子中和物体上的静电，从而达到消除静电的目的。

常用的静电消除器有以下几种。

① 感应式消除器。

② 高压静电消除器。使用较多的是交流电压消除器。直流电压消除器由于会产生火花放电，不能用于有爆炸危险的场所。

③ 高压离子流静电消除器。

④ 放射性辐射消除器。

7. 人体的防静电措施

（1）采用金属网或金属板等导电材料遮蔽带电体，以防止带电体向人体放电。

（2）穿防静电工作鞋。

（3）在易燃场所入口处，安装硬铝或铜等导电金属的接地通道，操作人员从通道经过后可以导除人体静电。

（4）采用导电性地面。

四、防雷技术

1. 建（构）筑物的防雷技术

（1）第一类建（构）筑物及其防雷保护　凡在其中存放爆炸物品或正常情况下能形成爆炸性混合物，因电火花而发生爆炸，致使房屋毁坏和造成人身伤亡的建（构）筑物为第一类建（构）筑物。这类建（构）筑物应装设独立避雷针防止雷击。

（2）第二类建（构）筑物及其防雷保护　第二类建（构）筑物划分条件同第一类，但因电火花而发生爆炸时，不会引起巨大破坏或人身事故，或政治、经济及文化艺术上具有重大意义的建（构）筑物。这类建（构）筑物可在建（构）筑物上装避雷针或采用避雷针和避雷带混合保护，以防雷击。

（3）第三类建（构）筑物及其防雷保护　凡不属第一、二类建（构）筑物但需实施防雷保护的建（构）筑物为第三类建（构）筑物。这类建（构）筑物防止雷击可在建（构）筑物最易遭受雷击的部位（如屋脊、屋角、山墙等）装设避雷带或避雷针，进行重点保护。若为钢筋混凝土屋面，则可利用其钢筋作为防雷装置。

对建（构）筑物防雷装置的要求如下。

① 建（构）筑物接地的导体截面应符合相应的规范。

② 引下线要沿建（构）筑物外墙以最短路径敷设，不应构成环套或锐角，引下线的一般弯曲点为软弯。若因建筑艺术有专门要求时，也可采取暗敷设方式，但其截面要加大一级。

③ 建（构）筑物的金属构件（如消防梯）等可作为引下线，但所有金属部件之间均应连接成良好的电气通路。

④ 采取多根引下线时，为便于检查接地电阻及检查引下线与接地线的连接状况，宜在各引下线距地面 1.8m 处设置断续卡。

⑤ 易受机械损伤的地方，在地面上约 1.7m 至地下 0.3m 的一段应加保护管。

⑥ 建（构）筑物过电压保护的接地电阻值应能符合要求。

⑦ 对垂直接地体的长度、极间距离等的要求，与接地或接零的要求相同，而防止跨步电压的具体措施，则和装设独立避雷针时的要求一样。

2. 化工设备的防雷技术

（1）金属储罐的防雷技术

① 当罐顶钢板厚度大于 4mm，且装有呼吸阀时，可不装设防雷装置。但油罐体应作良好的接地，接地点不少于两处。

② 当罐顶钢板厚度小于 4mm 时，虽装有呼吸阀，也应在罐顶装设避雷针，且避雷针与呼吸阀的水平距离不应小于 3m，保护范围高出呼吸阀不应小于 2m。

③ 浮顶油罐（包括内浮顶油罐）可不设防雷装置，但浮顶与罐体应有可靠的电气连接。

④ 易燃液体的敞开储罐应设独立避雷针，其冲击接地电阻不大于 5Ω。

⑤ 覆土厚度大于 0.5m 的地下油罐，可不考虑防雷措施，但呼吸阀、量油孔、采气孔应作良好接地。

（2）非金属储罐的防雷技术

非金属易燃液体的储罐应采用独立的避雷针，以防止直接雷击。同时还应有感应雷电的措施。

① 户外输送可燃气体、易燃或可燃液体的管道，可在管道的始端、终端、分支处、转角处以及直线部分每隔 100m 处接地。

② 当上述管道与爆炸危险厂房平行敷设而且间距小于 10m 时，在接近厂房的一段，其两端及每隔 30～40m 应接地。

③ 当上述管道连接点（弯头、阀门、法兰盘等）不能保持良好的电气接触时，应用金属线跨接。

④ 接地引下线可利用金属支架，若是活动金属支架，在管道与支持物之间必须增设跨接线；若是非金属支架，必须另做引下线。

⑤ 接地装置可利用电气设备保护接地的装置。

3. 人体的防雷技术

（1）雷电活动时，非工作需要，应尽量少在户外或旷野逗留；在户外或野外处最好穿用塑料等不浸水的材料制成的雨衣；如有条件，可进入有宽大金属构架或有防雷设施的建筑物、汽车或船只内；如在依靠建筑物屏蔽的街道或高大树木屏蔽的街道躲避时，要注意离开墙壁和树干距离 8m 以上。

（2）雷电活动时，应尽量离开小山、小丘或隆起的小道，应尽量离开海滨、湖滨、河边、池旁，应尽量离开铁丝网、金属晾衣绳以及旗杆、烟囱、高塔、单独的树木附近，还应尽量离开没有防雷保护的小建筑物或其他设施。

（3）雷电活动时，在户内应注意雷电侵入波的危险，应离开照明线、动力线、电话线、广播线、电视机天线以及与其相连的各种设备，以防止这些线路或设备对人体的二次放电。雷电活动时，还应注意关闭门窗，防止球形雷进入室内造成危害。

（4）防雷装置在接受雷击时，雷电流通过会产生很高电位，可引起人身伤亡事故。为防止反击发生，应使防雷装置与建筑物金属导体间的绝缘介质网络电压大于反击电压，并划出一定的危险区，人员不得接近。

（5）当雷电流经地面雷击点的接地体流入周围土壤时，会在它周围形成很高的电位，如有人站在接地体附近，就会受到雷电流所造成的跨步电压的危害。

（6）当雷电流经引下线接地装置时，由于引下线本身和接地装置都有阻抗，因而会产生较高的电压降，这时人若接触，就会受接触电压危害，应引起人们注意。

（7）为了防止跨步电压伤人，防直击雷接地装置距建筑物、构筑物出入口和人行道的距离不应少于 3m。当少于 3m 时，应采取接地体局部深埋、隔以沥青绝缘层、敷设地下均压条等安全措施。

4. 防雷装置的检查

（1）对于重要设施，应在每年雷雨季节以前做定期检查。对于一般性设施，应每 2～3 年在雷雨季节前做定期检查。如有特殊情况，还要做临时性的检查。

（2）检查是否由于维修建筑物或建筑物本身变形，使防雷装置的保护情况发生变化。

（3）检查各处明装导体有无因锈蚀或机械损伤而折断的情况，如发现锈蚀在 30% 以上，则必须及时更换。

（4）检查接闪器有无因遭受雷击而发生熔化或折断，避雷器瓷套有无裂纹、碰伤的情况，并定期进行预防性试验。

（5）检查接地线在距地面 2m 至地下 0.3m 的保护处有无被破坏的情况。

（6）检查接地装置周围的土壤有无沉陷现象。

（7）测量全部接地装置的接地电阻，如发现接地电阻有很大变化，应对接地系统进行全面检查，必要时设法降低接地电阻。

(8) 检查有无因施工挖土、敷设其他管道或种植树木而损坏接地装置的情况。

第五节　工业防毒安全技术

凡作用于人体并产生有害作用的物质都可称为毒物。而狭义的毒物概念是指少量进入人体即可导致中毒的物质。通常所说的毒物主要是指狭义的毒物。工业毒物是指在工业生产过程中所使用或产生的毒物。

一、工业毒物

1. 工业毒物的分类

全世界约有 60 多万种工业毒物。

（1）按物理形态分类。可分为气体、烟、雾、粉尘。

（2）按化学类属分类。可分为无机毒物、有机毒物。

（3）按毒物作用性质分类。大致可分为刺激性毒物、窒息性毒物、麻醉性毒物、全身性毒物。

2. 工业毒物进入人体的途径

工业毒物进入人体的途径有三种，即呼吸道、皮肤和消化道，其中最主要的是呼吸道，其次是皮肤，经过消化道进入人体仅在特殊情况下才会发生。

经过皮肤进入人体的毒物有以下三类：能溶于脂肪或类脂质的物质；能与皮肤的脂肪酸根结合的物质；具有腐蚀性的物质。

3. 工业毒物在人体内的分布、生物转化及排出

（1）毒物在人体内的分布　最初阶段，血流量丰富的器官，毒物量最高。之后，按不同毒物对各器官的亲和力及对细胞膜的通透能力，毒物又重新分布，使

某些毒物在某些器官或组织的量相对较高。

（2）毒物的生物转化　有的毒物可直接损害细胞的正常生理和生化功能，而多数毒物在体内需经过转化才能发挥其毒性作用。生物转化过程一般分为两步进行：第一步包括氧化、还原和水解，三者可以任意组合；第二步为结合。

一般而言，生物转化是一个解毒过程，但也有些化合物，经转化后的代谢产物比原毒物毒性更大，称为代谢活化。

（3）毒物的排出　主要排出途径是肾、肝胆、肺，其次是汗腺、唾液、乳汁、头发和指甲等。

二、急性中毒的现场救护

救护者在进入危险区抢救之前，首先要做好呼吸系统和皮肤的个人防护，佩戴好供氧式防毒面具或氧气呼吸器，穿好防护服。进入设备内抢救时要系上安全带，然后再进行抢救。否则，不但中毒者不能获救，救护者也会中毒，致使中毒事故扩大。

1. 切断毒物来源

救护人员进入现场后，除对中毒者进行抢救外，还应查找毒物来源，并采取措施切断来源，如关闭泄漏的阀门，堵加盲板，停止加送物料，堵塞泄漏的设备等，以防止毒物继续泄漏或外溢。对于已经扩散出来的有毒气体，应立即启动通风设备或打开门、窗，降低有毒物质在空气中的浓度，为抢救工作创造良好的条件。

2. 采取有效措施防止毒物继续侵入人体

（1）清除毒物。

（2）迅速脱去被污染的衣服、鞋袜、手套等。

（3）立即彻底清洗被污染的皮肤，清除皮肤表面的化学刺激性毒物，冲洗时间要达到 15～30min。

（4）如毒物系水溶性的，可用大量水或中和剂冲洗。非水溶性毒物的冲洗剂，须用无毒或低毒物质，或抹去污染物，再用水冲洗。

（5）对于黏稠的物质，用大量肥皂水冲洗，要注意皮肤皱褶、毛发和指甲内的污染物。

(6) 较大面积的冲洗，要注意防止着凉、感冒。

(7) 毒物进入眼睛时，应尽快用大量流水缓慢冲洗眼睛 15min 以上，冲洗时把眼睑撑开，让伤员的眼睛向各个方向缓慢移动。

3. 促进生命器官功能恢复

中毒者若停止呼吸，应立即进行人工呼吸。人工呼吸的方法有压背式、压胸式、口对口（鼻）式三种。最好采用口对口式人工呼吸法，同时针刺人中、涌泉、太冲等穴位，必要时注射呼吸中枢兴奋剂。

4. 及时解毒和促进毒物排出

发生急性中毒后应及时采取各种解毒及排毒措施，降低或消除毒物对机体的作用。经口引起的急性中毒可用催吐或洗胃等方法清除毒物。

三、综合防毒

防毒技术措施包括预防措施和净化回收措施两部分。

1. 预防措施

(1) 以无毒低毒物料代替有毒高毒的物料。

(2) 更新工艺。更新工艺即在选择新工艺或改造旧工艺时，应尽量选用生产过程中不产生（或少产生）有毒物质或将这些有毒物质消灭在生产过程中的工艺路线。

(3) 生产过程的密闭。

(4) 隔离操作。隔离操作就是把工人操作的地点与生产设备隔离开来。如生产过程是间歇的，也可以将产生有毒物质的操作时间安排在工人人数最少时进行，即所谓的"时间隔离"。

2. 净化回收措施

一些生产过程中产生的有害物质浓度较高，往往高出容许排放浓度的几倍甚至更多，必须对其进行净化处理。对于具有回收价值的有害物质进行回收并综合利用，化害为利。

3. 防毒管理

（1）有毒作业环境管理

① 组织管理措施。健全组织机构；制订规划；建立健全规章制度，如监护制度、下班前清扫岗位制度等；宣传教育。

② 定期进行作业环境监测。

③ 严格执行"三同时"制度。

④ 及时识别作业场所出现的有毒物质。

（2）有毒作业管理　有毒作业管理是针对劳动者个人进行的管理，使之免受或少受有毒物质的危害。在化工生产中，劳动者个人的操作方法不当、技术不熟练、身体过负荷等，都是构成毒物散逸甚至造成急性中毒的原因。因此，应进行健康管理，并主要注意以下几点：对劳动者进行个人卫生指导；健康检查；新员工体检；中毒急救培训；保健补助。

4. 个体防护技术

根据有毒物质进入人体的三条途径，即呼吸道、皮肤、消化道，相应地采取各种有效措施，保护劳动者个人。

（1）呼吸道防护　用于防毒的呼吸器材，大致可分为过滤式防毒呼吸器和隔离式防毒呼吸器两类。

① 过滤式防毒呼吸器

过滤式防毒呼吸器有过滤式防毒面具和过滤式防毒口罩。防毒面具使用时要注意以下几点。

a. 要选择合适的型号，并检查面具及塑胶软管是否老化，气密性是否良好。

b. 使用前要检查是否已失效。滤毒罐的进、出气口平时应盖严，以免受潮或与岗位低浓度有毒气体作用而失效。

c. 有毒气体含量超过1%或者空气中含氧量低于18%时，不能使用。

防毒口罩的佩戴要点：

a. 注意防毒口罩的型号应与预防的毒物相一致。

b. 注意有毒物质的浓度和氧的浓度。

c. 注意使用时间。

② 隔离式防毒呼吸器　主要有各种空气呼吸器和氧气呼吸器，如 AHG-2 型氧气呼吸器。AHG-2 型氧气呼吸器使用及保管时的注意事项如下。

a. 使用氧气呼吸器的人员必须事先经过训练，能正确使用。

b. 使用前氧气压力必须在 7.85MPa 以上。戴氧气呼吸器前要先打开氧气瓶，使用中须注意检查氧气压力，当氧气压力降到规定值时，应离开毒区，停止使用。

c. 使用时避免与油类、火源接触，防止撞击，以免引起呼吸器燃烧、爆炸。如闻到酸味，说明清净罐吸收剂已经失效，应立即退出毒区，予以更换。

d. 在危险区作业时，必须有两人以上进行配合监护，以免发生危险。有情况应以信号或手势进行联系，严禁在毒区内摘下氧气呼吸器讲话。

e. 使用后的呼吸器，必须尽快恢复到备用状态。

f. 必须保持呼吸器的清洁，防止日照。

（2）皮肤防护　皮肤防护主要依靠个人防护用品，如工作服、工作帽、工作鞋、手套、口罩、眼镜等，这些防护用品可以避免有毒物质与人体皮肤的接触。对于外露的皮肤，则需涂上皮肤防护剂。

个人防护用品的性能因工种的不同而有所区别。

（3）消化道防护　防止有毒物质从消化道进入人体，最主要的是搞好个人卫生。还应注重日常的饮食安全与防护。

第七章
化工生产与环境保护

环境问题日益严重，人们在科技发展的过程中对环境问题有更加深刻的认识，化工生产引发的环境问题需要我们格外重视。本章重点论述化工生产与环境保护的相关内容，从多个方面将两者联系起来。

第一节　环境保护基础

一、环境问题

一切不利于人类生存发展的环境结构和状态的变化都属于环境问题。按其产生的原因，可分为由自然灾害引起的原生环境问题和由人为因素引起的次生环境问题。环境科学和环境保护所研究的问题主要是次生环境问题。次生环境问题一般分为两类：一类是由于不合理开发自然资源，超出环境的承载能力，使生态环境质量恶化或自然资源枯竭的现象；另一类是由于人口迅速膨胀、工农业的高速发展引起的环境污染和生态破坏。

随着农业与工业的发展，人类不断地改造环境，如大量砍伐森林，破坏草原，盲目开荒，从而引起植被的破坏，造成严重的水土流失，土地沙漠化，旱灾水灾频繁出现，土壤盐渍化、沼泽化等一系列环境问题。荒漠化是当今世界最严重的环境与社会经济问题。

生产力的高度发展及现代化大工业的出现，增强了人类利用和改造环境的能力。大规模地改变环境的组成和结构，使深埋于地下的矿产资源被开采出来，投入到环境中，生产满足人类生活的生产资料及生活资料，极大地丰富了人类的物质生活条件，同时也产生了废气、废水、废渣，影响人类赖以生存的环境质量。

人口增长不仅从环境中索取大量的食物、资源、能源，而且要求工农业迅速发展，为人类提供越来越多的工农业产品，这些产品再经过人类的消费，将变为"废物"排入环境中，影响环境质量。

当前全球性的环境问题突出表现在温室效应、臭氧层的破坏、酸雨以及不断加剧的水污染、自然资源和生态环境的持续恶化等，已引起联合国及各国政府的高度重视。

二、化工污染物种类及特点

1. 化工污染物的种类

化工污染物的种类按污染物的性质可分为无机化学工业污染物和有机化学工业污染物;按污染物的形态可分为化工废气、化工废水和化工废渣,总称为化工"三废"。

2. 化工污染物的特点

化工污染物的特点,按其污染物形态的不同而不同。

(1) 化工废气的特点。化工废气是指在化工生产中由化工厂排出的有毒有害的气体。化工废气有如下特点。

① 废气中易燃、易爆气体较多,如氢、一氧化碳,低沸点的酮、醛,易聚合的不饱和烃等。大量易燃、易爆气体的任意排放,容易引起火灾、爆炸事故,危害极大。

② 废气中含有刺激性或腐蚀性的气体,如二氧化硫、氮氧化物、氯气、氟化氢等。其中二氧化硫排放量最大,二氧化硫气体可直接损害人体健康,腐蚀金属、建筑物和雕塑的表面,污染土壤、森林、河流、湖泊。

③ 废气中浮游粒子种类多、危害大。如粉尘、烟气、酸雾等,种类繁多,对环境的危害较大。当浮游粒子与有害气体同时存在时,对人的危害更为严重。

(2) 化工废水的特点。化工废水就是指由化工厂排出的废水,如工艺废水、冷却水、废弃洗涤水等。这些废水如果不经过处理,任意排放,会污染环境,危害人类的健康,影响工农业的生产。化工废水有如下特点。

① 废水中有毒性和刺激性物质多。化工废水中含有如氰、酚、砷、汞、镉或铅等有毒或剧毒的物质,另外也可能含有无机酸、碱类等刺激性、腐蚀性的物质。在一定的浓度下,会对生物产生影响。

② 废水中有机物浓度高,如各种有机酸、醇、醛、酮、醚和环氧化物等。有机物在水中会进一步氧化分解,消耗水中大量的溶解氧,直接影响水生生物的生存。

③ 废水有强酸性或强碱性。对生物、建筑物及农作物都有极大的危害。

④ 废水中营养化物质较多。含磷、氮量较高，会造成水体富营养化，使水中藻类和微生物大量繁殖，严重时会造成"赤潮"。

⑤ 废水恢复比较困难。废水成分复杂，生物难降解物质多，尤其被微生物所浓集的重金属物质，停止排放仍难以消除，增加了废水的处理难度，要恢复到水域的原始状态是相当困难的。

（3）化工废渣的特点。化工废渣，是指化学工业生产过程中，产生的有毒、易燃、有腐蚀性、传染疾病、有化学反应性以及其他有害的固体和泥浆状废物，如反应釜底料、滤饼渣、废催化剂等。化工废渣污染有如下特点。

① 化工废渣污染土壤。存放废渣的场地会受到污染。废渣在风化的作用下到处流散，污染土壤，影响农作物生长。土壤受到污染很难得到恢复，甚至变为不毛之地。尤其是有毒的废渣，污染物转入农作物或者转入水域后，会给人类健康带来很大的危害。

② 化工废渣污染水域。将化工废渣不作任何处理直接倒入江河、湖泊或沿海海域，或存放时通过风吹入、雨水带入等途径进入地表水或渗入地下水，会对水域产生污染，破坏水质，造成严重的水体环境污染。

③ 化工废渣污染大气。化工废渣在存放过程中，在一定温度下，由于水分的作用会使废渣中某些有机物分解，产生有害气体扩散到大气中，造成大气污染。如重油渣和沥青块，在存放的过程中，自然条件下，所产生的多环芳香烃气体是致癌物质。

三、化工生产污染物的来源

化工污染物产生的原因是多种多样的，如化学反应不完全所产生的废料、副反应所产生的废料、燃烧过程中产生的废气、冷却水、设备和管道的泄漏、生产中排出的废弃物等。概括起来，化工污染物的主要来源大致分为以下两个方面。

1. 化工生产的原料、半成品及产品

（1）化学反应不完全，剩余原料。化工生产过程中，原料不可能全部转化为产品，会剩余部分未反应完的原料，虽然部分可以回收再用，但仍有部分原料因回收不完全或不可回收而被排放掉，若原料为有害物质，排放后便会造成

环境污染。

（2）原料不纯，杂质排放。在化工生产过程中，原料在进行反应前，要进行原料预处理，采用物理方法或者化学方法去除杂质，有些杂质最终要排放掉，当杂质为有害物质时，就会对环境造成污染。

（3）跑、冒、滴、漏。由于生产设备、管道等密封不严密，或者由于操作和管理不善，使物料在储存、运输以及生产过程中，出现跑气、冒水、滴液、漏液的现象。这一现象的出现不仅会造成经济损失，而且也会造成严重的污染事故。

2. 化工生产过程中排放出的废弃物

（1）燃料燃烧，烟气排放。化工生产过程需要在一定的压力和温度下进行，需要燃烧大量的燃料，燃料燃烧过程中产生大量的烟气，排放到大气中。烟气中除含有粉尘之外，还含有其他有害物质，对环境危害极大。烟气中各种有害物质的含量与燃料的品种有关系。

（2）冷却水排放。化工生产过程中，需要用水进行冷却。一般有直接冷却和间接冷却两种方式。当采用直接冷却时，冷却水直接与被冷却的物料接触，再经过后续分离，得到含有一定化工物料的污水，成为污染物质。当采用间接冷却时，虽然冷却水不与物料直接接触，但因为在冷却水中往往需要加入防腐剂、杀藻剂等化学物质，排出后也会造成污染问题。因此，在化工生产过程中应尽量循环使用冷却水，减少排放，这样既节约水源，又防止污染。

（3）副产物排放。化工生产过程中，在反应单元发生主反应的同时，也伴随着一些副反应发生，得到一定量的副产物。这些副产物经过回收利用之后，可以生成其他有用的物质，但是往往由于副产物的数量不多，而成分又比较复杂，要进行回收利用会带有许多困难，经济上也需要耗用一定的经费，所以往往将副产物作为废料排放，而引起环境污染。

除了发生副反应造成的废弃物排放之外，在化工生产过程中，有时还需要加入一些不参加反应的物质，如各种溶剂、助剂等，这些物质随着废弃物排放，也会造成环境污染。

四、环境标准

环境标准是为保护人类健康、社会物质财富和维持生态平衡，对大气、水、土壤等环境质量、对污染源和监测方法以及其他需要所制定的标准的总称。环境标准是评价环境状况和其他环境保护工作的法定依据，也是推动环境科技进步的动力。

1. 环境标准的种类

环境标准没有统一的分类方法。若按标准的用途分，可分为环境质量标准、污染物排放标准、污染物控制技术标准、污染警报标准和基础方法标准。

按环境要素分，可分为大气控制标准、水质控制标准、噪声控制标准、废渣控制标准、土壤控制标准。其中对单项控制要素又可以再细分，如水质控制标准又可以分为生活饮用水卫生标准、渔业水质标准、海水水质标准、地表水环境质量标准等。

按标准的适用范围分，可分为国家标准、地方标准和行业标准。

2. 我国的环境标准

我国的环境标准体系分为"六类两级"。六类是环境质量标准、污染物排放标准、环境基础标准、环境方法标准、环境标准物质标准、环保仪器设备标准。两级是国家生态环境标准和地方生态环境标准。

环境质量标准。为了保护人类健康，维持生态良性平衡和保障社会物质财富，并考虑技术条件，对环境中有害物质和因素所作的限制性规定。它是制定环境政策的目标和环境管理工作的依据，也是制定污染物的控制标准的依据，是评价我国各地环境质量的标尺和准绳。

污染物排放标准。为改善生态环境质量，控制排入环境中的污染物或者其他有害因素，根据生态环境质量标准和经济、技术条件，制定污染物排放标准。国家污染物排放标准是对全国范围内污染物排放控制的基本要求。地方污染物排放标准是地方为进一步改善生态环境质量和优化经济社会发展，对本行政区域提出的国家污染物排放标准补充规定或者更加严格的规定。污染物排放标准包括大气污染物排放标准、水污染物排放标准、固体废物污染控制标准、环境噪声排放控制标准和放射性污染防治标准等。

环境基础标准。在环境保护工作范围内，对有指导意义的符号、指南、导则等的规定，是制定其他环境标准的基础及技术依据。所以环境基础标准要积极采用国际标准和国外先进标准，逐步做到与国际标准基本一致。

环境方法标准。在环境保护工作范围内以全国普遍适用的试验、检查、分析、抽样、统计、作业等方法为对象而制定的标准。

环境标准物质标准。是在环境保护工作中，用来标定仪器、验证测量方法，进行量值传递或质量控制的材料或物质，对这类材料或物质必须达到的要求所作的规定。它是检验方法标准是否准确的主要手段。

环保仪器设备标准。为了保证污染治理设备的效率和环境监测数据的可靠性和可比性，对环保仪器设备的技术要求所作的规定。

由于我国幅员广大，各地自然条件和经济发展情况不同，环境容量不同，加之国家标准中有些项目并未作规定，所以允许地方环保部门根据当地的环境特点、技术经济条件，制定地方的环保标准。

六类标准中的环境质量标准、污染物排放标准和环境方法标准均有地方级标准。

第二节 化工废水处理

一、水体污染物及其危害

1. 水体污染物的种类

化工生产排放废水按其种类和性质的不同可分为以下几种。

（1）含无机物的废水。主要来自于无机盐、氮肥、磷肥、硫酸、硝酸、纯碱等工业生产时排放的酸、碱、无机盐及一些重金属和氰化物等。

（2）含有机物的废水。主要来自于基本有机原料、三大合成材料、农药、染料等工业生产排放的糖类、脂肪、蛋白质、有机氯、酚类、多环芳烃等。

（3）含石油类的废水。主要来自于石油化工生产的重要原料、各种动力设施运转过程消耗的石油类废弃物等。

2. 水体污染物的危害

（1）含无机物废水的危害。废水中的酸、碱会使水体的 pH 值发生变化，抑制微生物的生长，削弱水体的净化功能，腐蚀桥梁、船舶等，使土壤改性，危害农、林、渔业生产等。人体接触可对皮肤、眼睛和黏膜产生刺激作用，进入呼吸系统能引起呼吸道和肺部发生损伤。无机盐可增大水体的渗透压，对生物的生长不利。

氮、磷等营养物能促进水中植物生长，加快水体的富营养化，使水体出现老化现象，提高各种水生生物的活性，刺激它们异常繁殖，从而带来一系列严重的后果。

废水中各类重金属主要是指镉、铅、铬、镍、铜等。这些物质在水体中不能被降解，如果进入人体，将在某些器官中积蓄起来造成慢性中毒，导致各种疾病，影响人的正常生活。废水中的无机有毒物对人体健康的危害非常大。氰化物本身就是剧毒物质，可引起呼吸困难，造成人体组织的严重缺氧。

(2) 含有机物废水的危害。废水中的一些有机物在有氧条件下，分解生成 CO_2 和 H_2O，但若需要分解的物质太多，将消耗水体中大量的氧气，造成各种耗氧生物（如鱼类）的缺氧死亡。

废水中的一些有机有毒物比较稳定，不易分解。长期接触，将会影响皮肤、神经、肝脏的代谢，导致骨骼、牙齿的损害。

酚类排入水体后，严重影响水质及水产品的质量。水体中的酚浓度高时会引起鱼类大量死亡。进入人体可引起头昏、出疹、贫血等。

多环芳烃一般都具有很强的毒性，如 1,2-苯并芘、1,2-苯并蒽等有很强的致癌作用。

(3) 含石油类废水的危害。当水体含有石油类物质，不仅对水资源造成污染，而且对水生物有相当大的危害。水面上的油膜使大气与水面隔绝，减少氧气进入水体，从而降低了水体的自净能力。水体中的油类物质含量高时，将造成水体生物的死亡。

二、化工废水污染物的治理

1. 水体污染物的治理

(1) 水污染指标　为了防止水体污染，净化人类生活环境，保障人体健康，很多国家通过立法颁布各类水污染指标，用来衡量水体受污染的程度，也是控制和检测水处理设备运行状态的重要依据。在工程实际中，采用以下几个综合水质污染指标来描述。

① pH 值。表示水体的酸碱性。水体受到酸碱污染后，水中的微生物生长受到抑制，降低了水体的自净能力，腐蚀水下建筑物、船舶、水处理设备等。

② 生化需氧量（BOD）。表示在有氧条件下，好氧微生物氧化分解单位体积水中有机物所消耗的游离氧的量，单位为 mg/L。通常在 20℃下，5 天时间来测定 BOD 指标，用 BOD_5 表示。

③ 化学需氧量（COD）。表示在严格条件下用强氧化剂（通常用的有 $K_2Cr_2O_7$、$KMnO_4$ 等）氧化水中有机物所消耗的游离氧的量，单位为 mg/L。COD 越多，表示水中有机物越多。用 $K_2Cr_2O_7$ 作氧化剂时，记作 COD_{Cr}；以 $KMnO_4$ 作氧化剂时，记作 COD_{Mn}。

④ 总需氧量（total oxygen demand，简称 TOD）。表示有机物完全被氧化时的需氧量，单位为 mg/L。能反映 C、H、N、S 分别被氧化为 CO_2、H_2O、NO_2 和 SO_2 时所消耗的游离氧的量。

⑤ 总有机碳（total organic carbon，简称 TOC）。表示水体中有机物的总含碳量，单位为 mg/L。

⑥ 溶解氧（dissolved oxygen，简称 DO）。表示溶解水体中氧分子的量，单位为 mg/L。DO 值越小，表示水体受污染程度越严重。

⑦ 有毒物质。表示水体中所含对生物有害物质的量，如氰化物、砷化物、汞、镉、铬、铅等，单位为 mg/L。

⑧ 大肠菌群数。表示单位体积水中所含大肠菌群的数量，单位为个/L。水体中一旦检测出有大肠菌群，说明水已受到污染。

（2）水体污染的治理原则　首先是清洁生产过程，改革生产工艺，一水多用，进行综合利用和回收。尽量不用或少用易产生污染的原料、设备和工艺，将生产过程中产生的污染物减少到最低；尽可能采用重复用水及循环用水系统，使废水排放量减至最少；尽可能回收废水中有价值的物质，减少污染物，降低生产成本，增加经济效益。

其次加强操作管理，控制污染。加强管理，防止生产中的跑、冒、滴、漏，确定岗位用水定额，控制各污染物浓度的限量，同时做到先净化后排放。

2. 化工废水的治理

按废水治理的原理，习惯上常分为物理处理法、化学处理法、物理化学处理法和生物处理法；按废水处理程度，可分为一级、二级和三级处理。一级处理主要去除废水中的悬浮固体、胶状物、漂浮物等；二级处理主要去除废水中胶状物和溶解状态的有机物，它是废水处理的主体部分；三级处理主要去除难降解的有机物及无机物。

(1) 物理处理法　物理处理法主要去除废水中的漂浮物、悬浮固体、泥沙和油脂类物质，具有设备简单、成本低、操作方便、效果稳定等优点，在工业废水处理中占有很重要的地位，一般用作预处理或补充处理。主要方法有沉淀法、离心分离法、过滤法等。

① 沉淀法。是利用废水中悬浮状污染物与水的密度不同，借助重力沉降作用使其与水分离的方法。主要用来作预处理或再处理。一般采用沉淀池。

② 离心分离法。是利用离心力的作用，使悬浮物从水中分离出来的方法。常用设备有水力旋转器、离心机等。该法具有设备体积小、结构简单、使用方便、单位容积处理能力高等优点，但设备易磨损，电耗较大。

③ 过滤法。是让废水通过具有微细孔道的过滤介质，悬浮固体颗粒被截留从水中分离出来的方法。常作为废水处理过程中的预处理。常用过滤介质有格栅、筛网、滤布、粒状滤料。

(2) 化学处理法　化学处理法是利用化学反应的作用来处理废水中的溶解物质或胶体物质。它既可以去除废水中的无机污染物或有机污染物，还可回收某些有用组分。常用方法有中和法、混凝法、氧化还原法和电解法等。

① 中和法。是利用酸碱性物质中和含酸碱废水以调整废水中的 pH 值，使其达到排放标准的处理方法。对酸性废水的处理，常采用方法有在废水中加入石灰石、烧碱、纯碱等碱性药剂；让废水通过装填有如石灰石、大理石等碱性材料的过滤池；与碱性废水混合，以废治废。对碱性废水的处理常采用方法是与酸性废水混合或加入一定浓度的酸性物质；向废水中通入烟道气，达到以废治废。

② 混凝法。是向废水中投加混凝剂，使细小的悬浮颗粒和胶体粒子聚集成较大粒子而沉淀下来的处理方法。混凝法不但可以去除废水中粒径在 $10^{-6} \sim 10^{-3}$ mm 的细小悬浮颗粒，还可以去除色度、油分、微生物和氮、磷等营养物质、重金属以及有机污染物等。它是工业废水处理工艺中关键环节之一，既可以自成独立的水处理系统，又可以与其他单元过程组合，作为预处理、中间处理或最终处理。混凝法具有经济、处理效果好、操作运行简单等特点，在废水处理中得到广泛应用。

混凝剂的种类很多，主要有无机混凝剂和有机混凝剂。在选择混凝剂时应注意价格要便宜、用料要少、原料易得、处理效率要高、沉淀要快且易与水分离等。

混凝处理流程应包括投药、混合、反应及沉淀分离等几个部分。

③ 氧化还原法。利用氧化还原反应，使废水中有毒害的无机物质或有机物质转变成无毒或毒性较小的物质，从而达到净化的目的。氧化还原法几乎可以处理各种工业废水以及脱色、脱臭，特别是对废水中难以降解的有机物处理效果较好。目前常用的方法有空气氧化、氯氧化、臭氧氧化及铁屑还原等方法。

空气氧化法是利用空气中的氧气氧化废水中的可被氧化的有害物质而达到废水净化的目的。因为空气中氧的氧化能力较弱，所以主要用于处理还原性较强的废水。在实际处理废水过程中，应首先考虑以废治废的处理原则，既可达到废水净化的目的，还节约成本。

氯氧化法是利用含氯药剂中的有效氯除去一些有害的无机和有机污染物，主要起到消毒、杀菌、除臭等作用，常用的含氯药剂有液氯、漂白粉、次氯酸钠、二氧化氯等。在工业废水处理中，主要用于治理含氰、含酚、含硫化物的废水。

臭氧氧化法是利用臭氧的强氧化能力和杀菌能力，对各种有机物质氧化分解而达到处理废水目的的方法。在废水处理中主要作用是杀菌、增加溶解氧、脱色、脱臭等。臭氧氧化法在废水处理中不会产生二次污染。

④ 电解法。是用适当材料作电极，在直流电场作用下，使废水中的污染物分别在两极发生氧化还原反应，形成絮凝物质或生成气体从废水中逸出，以达到净化的目的。在工业废水处理中，主要用于处理含氰、铬、镉的电镀废水和染料工业废水。

（3）物理化学处理法　废水经过物理方法处理后，还会有少量细小的悬浮物和溶解于水中的有机物，为了进一步去除残存在水中的污染物，可采用物理化学方法作进一步的处理。常用的方法有吸附法、浮选法、膜分离法等。

① 吸附法。是利用多孔性固体吸附剂，使废水中的一种或多种污染物吸附在固体表面从废水中分离出来的方法。常用吸附剂有活性炭、磺化煤、焦炭、硅藻土、木炭、泥炭、白土、矾土、矿渣、炉渣、木屑、吸附树脂等。主要用来处理废水中用生化法难于降解的有机物或用一般氧化法难于氧化的溶解性有机物，如处理含酚、汞、铬、氰等的工业废水以及废水的脱色、脱臭，把

废水处理到可重复利用的程度，因此吸附法在废水的深度处理中得到了广泛的应用。

② 浮选法。是将空气通入废水中，形成许多微小气泡，气泡在上升过程中捕集废水中的悬浮颗粒及胶状物质后浮到水面上，然后从水面上将其除去的方法。根据产生气泡的方法不同又可分为加压浮选法和曝气浮选法。

③ 膜分离法。是用一种特殊的薄膜将溶液隔开，使溶液中的某种物质或者溶剂渗透出来，从而达到分离溶质的目的。膜分离法可分为渗析法、反渗透法、电渗析法、超过滤法等。膜分离法具有不消耗热能、无相变转化、设备简单、易于操作、适用性广等优点，但处理能力较小，在处理之前，应进行预处理。

（4）生物处理法　当废水中 BOD_5/COD 比值大于 0.3 时，可以采用生物处理法。生物处理法是利用自然环境中微生物的生物化学作用氧化分解废水中的有害污染物。在生化处理前要进行预处理。这种方法具有投资少、处理效果好、运行操作费用低等优点，在工业废水处理中得到较广泛的应用。常用的方法有好氧生物处理法和厌氧生物处理法。

① 好氧生物处理法。是在有氧条件下，好氧微生物和兼性好氧微生物将有机污染物分解为二氧化碳和水的过程。这种方法释放能量多，代谢速率快，代谢产物稳定，可将废水有机污染物稳定化。但对含有机污染物浓度高的废水，处理前应对废水进行稀释，这样将消耗大量的稀释水，并且在好氧处理过程中要不断地补充废水中的溶解氧，成本较高。常用的有活性污泥法、生物膜法等。

② 厌氧生物处理法。是在隔绝氧气的条件下，利用厌氧微生物将有机污染物分解为甲烷、二氧化碳和少量硫化氢、氢气等无机物的过程。这种方法不需要提供氧气，故动力消耗少，设备简单，还可回收一定数量的甲烷气体作为燃料。缺点是发酵过程中产生少量硫化氢气体，与铁质材料接触形成黑色的硫化铁，从而使处理后的废水既黑又臭。

废水中的污染物种类繁多，性质各异，不能预期只用某种处理方法就能将污水中的有害物质去除，通常需要与多种方法组成一套处理系统，才能达到处理要求，使水质符合排放标准。废水在处理过程中，应遵循先易后难、先简后繁的原则。先采用物理方法去除大颗粒、漂浮物及悬浮固体等，再通过化学法、生物法去除溶解性有害物质。

第三节　化工废气处理

化工废气按所含污染物的性质，可分为含无机污染物的废气、含有机污染物的废气和既含无机污染物又含有机污染物的废气；按污染物存在的形态，可分为颗粒污染物和气态污染物；按与污染源的关系，可分为一次污染物与二次污染物。污染物直接排放大气，其形态没有发生变化，则称为一次污染物；排放的一次污染物与大气中原有成分发生一系列的化学反应或光化学反应所形成的新的污染物称为二次污染物，如硫酸烟雾、光化学烟雾等。

一、化工废气污染物的危害

化工废气污染物可通过各种途径降到水体、土壤、植物中而影响环境，并可通过呼吸、皮肤、饮食等进入人体中，对人类的生存环境及人体健康产生近期或远期的危害。

1. 颗粒污染物的危害

大气中的颗粒污染物通过呼吸系统侵害人类的身体健康。大气中的尘粒和煤尘通过呼吸系统时可被鼻腔、咽喉捕集，不能进入肺泡。飘尘对人体危害最大，它可通过呼吸直接进入肺部而沉积。滞留在鼻腔、咽喉气管、支气管等部位的颗粒物刺激腐蚀腔内的黏膜，会引起鼻咽炎、慢性气管炎及支气管炎等病变；进入到肺泡的飘尘刺激肺泡壁纤维增生，从而诱发肺纤维发生病变，引起肺气肿、哮喘等病症，并使肺部血管阻力增加，加重心脏负担，导致心肺病。若沉积在肺部的飘尘被溶解，可直接进入血液，造成血液中毒。

大气中颗粒物的沉积会使电气装置接触不良或引起短路，使金属材料发生电化学腐蚀。

大气中的颗粒物可作为水蒸气凝聚的核心，形成云雾，使雨水增多，影响气候。大量的烟尘和水蒸气还可以吸收太阳辐射和紫外线，降低大气透明度，从而减弱太阳光的辐射。

2. 气态污染物的危害

大气中的硫氧化物主要是 SO_2。SO_2 是无色、有特殊臭味的刺激性气体。当浓度比较低时，主要对结膜和上呼吸道黏膜产生刺激，长时间接触，会损害鼻、喉、支气管等。当浓度比较高时，会对呼吸道深部产生刺激，对骨髓、脾等造血器官也有损伤作用。此外，SO_2 对植物还会产生漂白作用，形成斑点，抑制生长，损坏叶片；还能腐蚀金属器材，使建筑物表面损坏；还能使纤维织物、皮革制品发生变化。

大气中的氮氧化合物主要指 NO 和 NO_2。NO 能使人体中的血红素结合生成亚硝基血红素，影响血液的输氧功能，危害人体健康。浓度高时，将导致肺部充血、水肿，严重时使人窒息而亡。NO_2 将严重刺激眼、鼻、呼吸系统，使血红素发生硝化，损害造血组织。长期吸入一定浓度的 NO_2，可引起支气管、肺部发生病变。

大气中的碳氧化合物主要指 CO 和 CO_2。高浓度的 CO 能与人体血液中的血红蛋白化合，生成碳氧血红蛋白，降低血液的输氧能力，导致人体缺氧，轻者出现头痛、恶心、虚脱等症状，重者则昏迷甚至死亡。大气中 CO_2 浓度的增高阻碍了地球表面向外散热的过程，导致全球气温上升，从而影响环境平衡。

大气中的碳氢化合物与氮氧化合物一样，也是形成光化学烟雾的主要物质。油炸食品、抽烟产生的多环芳烃，如 1,2-苯并芘，是一种强致癌物。

大气中含有的 Cl_2、HCl 刺激眼、鼻、咽喉，可损伤肺部，浓度高时可中毒致死。

总之，大气中的污染物除上述之外，还有如 H_2S、HF、NH_3 等以及其他含硫有机物、含氧有机物、胺等，对人体均有一定的危害。因此要求各化工生产企业在将废气排入大气之前，要进行比较彻底的治理，达到排放标准后再排入大气。

二、化工废气污染物的治理

1. 颗粒污染物的治理

煤尘、烟尘、飘尘等颗粒污染物主要来自于燃料燃烧及固体物料粉碎、筛分或输送等加工过程。从化工废气中除去或收集这些颗粒的方法称为除尘，所用设备称为除尘器。常用除尘装置及主要用途见表7-1。

表 7-1 常用除尘装置及主要用途

类型		工作原理	特点	主要用途	处理粒度/μm	除尘效率/%
机械式除尘器	重力沉降器	含尘气体通过横截面积比较大的沉降室，尘粒因重力作用而自然沉降	构造简单，施工方便，但除尘效率低	主要用于高浓度含尘气体的预防处理	50～100	40～60
	惯性除尘器	含尘气体冲击挡板或使气流急剧改变流动方向，借助粒子本身的惯性力作用，使尘粒从气体中分离出来	气流速度越大，转变次数越多，净化效率也越高	常被用作高效除尘器的预除尘使用	10～100	50～70
	旋风分离器	含尘气流作旋转运动产生离心力，将尘粒从气流中分离出来	结构简单，造价便宜，体积小，维修方便，效率较高	可作一级除尘装置，也可与其他除尘装置串联使用	20～100	85～95
湿式除尘器		含尘气体与液体（一般用水）密切接触，尘粒与液体所形成的液膜、液滴、雾沫等发生碰撞、黏附、凝聚而分离	结构简单，造价低，除尘效率高；缺点是动力消耗大，用水量大，易产生腐蚀性物质以及污泥	适用于净化高温、易燃、易爆的含尘气体	0.1～100	80～95
过滤式除尘器		含尘气体通过多孔滤料，将气体中的尘粒捕集从而分离。过滤式除尘器中的袋式除尘器是将许多滤布作为滤袋挂在除尘室内，气体通过各个滤袋时，尘粒被拦截。使用一段时间后要及时清灰	除尘效率高，属于高效除尘器；其缺点是设备体积大，占地多，维修费用高	广泛应用于各种工业废气的处理中，不适合用于处理高温、高湿的含尘气体	0.1～20	90～99
静电除尘器		含尘气体通过高压电场，在电场力的作用下，尘粒沉积在集尘极表面上，再通过机械振动等方式使尘粒脱离集尘极表面而分离	也是一种高效除尘器，处理量大；能捕集腐蚀性极强的尘粒和酸、油雾等；能连续运行，阻力小，压力损失小。其缺点是设备庞大，占地面积大，一次性投资费用高	用于高温高压场合，广泛应用于化工业、火电、冶金建材等的除尘	0.05～20	85～99.9

工业生产中选择一个合适的除尘装置，不仅要考虑所处理气体和颗粒物的特性，还要考虑除尘装置的性能，即处理气体量、压力损失、除尘效率、一次投资

费用、运行管理费用等，要进行技术、经济的全面考虑。理想的除尘器在技术上不仅要满足工艺生产的许可，符合环境保护的指标，同时在经济上要合理核算。

2. 气态污染物的治理

化工生产排放于大气中的气态污染物种类繁多，要按照不同物质的物理性质和化学性质，采用不同的技术进行防治。常用的防治方法有吸收法、吸附法、催化转化法、燃烧法、冷凝法、生物法、膜分离法等。

（1）吸收法　吸收法是利用气体混合物中不同组分在吸收剂中溶解度不同或与吸收剂发生选择性化学反应，将废气中的有害组分分离出来的过程。在吸收过程中，根据吸收质与吸收剂是否发生化学反应而将其分为物理吸收和化学吸收。在处理有害组分浓度低、气量较大的废气时，采用化学吸收法的效果较好。

吸收法处理废气具有设备简单、捕集效率高、一次性投资低等优点，被广泛应用于气态污染物的防治中。常用吸收设备有填料塔、喷淋塔、泡沫塔、文丘里洗涤器、板式塔等。但由于在吸收过程中，有害组分被吸收到吸收剂中，因此要对吸收液进行处理，否则会引起二次污染。

（2）吸附法　吸附法是使气态污染物通过多孔性固体吸附剂，使废气中的一种或多种有害物质吸附在吸附剂表面，将废气中的有害成分分离出来的过程。常用的吸附剂有活性炭、分子筛、氧化铝、硅胶、离子交换树脂等。当吸附过程进行到一定程度时，吸附剂的吸附能力下降，达不到净化目的，要对吸附剂进行再生（脱附）。因此，吸附法治理气态污染物应包括吸附－再生的全过程。

吸附净化法的净化效率高，可回收有用组分，设备简单，操作方便，易实现自动控制，适用于低浓度气体的净化，常用作深度净化或联合应用几种净化方法的最终控制手段。由于吸附剂的再生使得吸附流程变得复杂化，操作费用也大大增加。尽管如此，吸附净化法还是以其高效的净化优势广泛应用于化工、冶金、石油、轻工等工业部门的净化过程。

（3）催化转化法　催化转化法是利用催化剂的作用，使气态污染物中的有害组分转化为无害物质或易于去除的物质而达到净化的目的。这种方法可直接将有害物质转变为无害物质，无需将污染物与主流气体分离，避免了二次污染，简化了操作过程。催化转化法的净化效率高，反应热效应不大，简化了反应器的结构，但所用催化剂价格较高，操作要求高，难以回收有用物质。

（4）燃烧法　燃烧法是将气态污染物中的可燃性有害组分通过氧化燃烧或高

温分解转化为无害物质而达到净化的目的。主要用于一氧化碳、碳氢化合物、沥青烟、黑烟等有害物质的净化。常用的燃烧法有以下三种。

① 直接燃烧，是把废气中的可燃性组分在空气或氧气中当作燃料直接燃烧的方法。因此它是有火焰的燃烧，温度高达1100℃以上。只适用于净化可燃组分浓度高或有害组分燃烧时热值较高的废气。

② 热力燃烧，是把废气利用辅助燃料燃烧放出的热量加热到要求温度，使可燃性有害物质进行高温分解而变为无害物质的方法。因此它也是有火焰的燃烧，但温度较低（760～820℃），一般用于可燃有机物含量较低的废气的或燃烧热值低的废气的治理。

③ 催化燃烧，是在催化剂作用下，使有害组分在200～400℃下氧化分解成二氧化碳和水的方法，同时放出燃烧热，因此是无火焰燃烧。

燃烧法工艺简单，操作方便，净化程度高，可回收燃烧后的热量，常放在所有工艺流程之后，又称后烧法，所用设备称为后烧器。

（5）冷凝法　冷凝法是利用降低温度或提高系统压力使处于蒸气状态的气态污染物冷凝成液体并从废气中分离的过程。这种方法设备简单，操作方便，适合于处理高浓度的有机废气，常作为吸附、燃烧等净化方式的前处理。

第四节　化工固体废弃物处理

固体废弃物是生产和生活活动中被丢弃的固体状物质或泥状物质。生产活动中产生的固体废弃物简称废渣，生活中产生的固体废弃物俗称垃圾。化工废渣主要指化工生产过程中及其产品使用过程中产生的固体和泥浆废弃物。这些废弃物严重危害环境卫生。

一、固体废弃物对环境的污染

1. 固体废弃物的种类

固体废弃物来源范围广，种类繁多，组成复杂，分类方法也很多。按其性质可分为无机废弃物和有机废弃物。无机废弃物排放量大，毒性强，对环境污染严重。有机废弃物组成复杂，易燃，排放量不大。

按其形状分为固体废弃物（如粉状、柱状、块状等）和泥状废弃物（如污泥）。

按其危害性分为一般固体废弃物和危险性固体废弃物。对环境和人体健康危害较小的为一般废弃物，反之为危险废弃物。危险废弃物具有易燃、易爆、强烈的腐蚀性及毒性等特性。

按其来源分为矿业固体废弃物、工业固体废弃物、城市垃圾、农业固体废弃物和放射性固体废弃物等。矿业固体废弃物是指矿石开采、洗选过程中产生的废物，主要有矿废石、尾矿、煤矸石等；工业固体废弃物是指工业生产、加工、"三废"处理过程中排放的废渣、粉尘、污泥等，主要有煤渣、炼钢钢渣、有色冶炼渣、硫铁矿炉渣、磷石膏废渣等；城市垃圾是指居民生活、商业、市政维护管理中丢弃的固体废物；农业固体废弃物是指种植和饲养业排放的废物；放射性固体废弃物主要是核工业、核研究所及核医疗单位排出的放射性废物。

2. 固体废弃物的危害

固体废弃物若处理不当，其中的有害成分将通过多种途径进入环境和人体，对生态系统和环境造成多方面的危害。

（1）对土壤的危害。固体废弃物体积庞大，长期露天堆放，其中的有害成分在地表通过土壤孔隙向四周及土壤深层迁移。在迁移的过程中，有害成分被土壤吸附，在土壤中集聚，导致土壤成分和结构的改变，从而影响了植物的生长，严重时将使土地无法耕种。

（2）对大气的危害。固体废弃物在堆放、运输及处理过程中，不仅粉尘随风扬散，而且释放出的有害气体扩散到大气中，影响大气质量使大气受到污染。如炼油厂排放的重油渣及沥青块，在自然条件下将产生致癌物质多环芳烃。

（3）对水体的危害。如果固体废弃物不加处理直接排放到江、河、湖、海等水域中，或者飘入大气中的微小细粒通过降水落入地表水系，水体可溶解其中的有害成分，毒害生物，造成水体缺氧、污染、变性、富营养化，导致水体生物死亡，降低水体质量。

（4）对人体的危害。人类的生存离不开土壤、水、大气等媒介系统，固体废弃物使人类赖以生存的媒介受到了污染，有害成分将直接或间接由呼吸系统、皮肤、消化系统摄入人体，使人体受到有害成分的袭击而致病。

二、固体废弃物的主要处理方法

固体废弃物的处理方法主要有卫生填埋法、焚烧法、热解法、微生物分解法、固化处理等，目前应用最多的是卫生填埋法。由于卫生填埋法占地较多，随着城镇周边土地使用的日益紧张，其他处理方法的比重在逐年上升。

1. 卫生填埋法

卫生填埋法俗称安全填埋法，属于减量化、无害化处理中最经济的方法。该法是在平地上或在天然低洼地上，逐层堆积压实，覆盖土层的处理方法。为防止废渣中有害污染物浸入地下水，填埋场底部与侧面均采用黏土作防渗层，在防渗层上设置收集管道系统，定期将浸沥液抽出。当填埋物可能产生气体时，则需用透气性良好的材料在填埋场不同部位设置排气通道，把气体导出。

2. 焚烧法

焚烧法是把可燃性固体废物集中在焚烧炉内，通入空气彻底燃烧的处理方法。焚烧法产生的热量可以生产蒸气或发电，处理方法快速有效，故焚烧法不仅有环保意义，而且有经济价值。但容易造成二次污染，且投资和运行管理费用也较高。固体废弃物通过焚烧可减重80%以上，减小体积90%以上，体现了"减量化"原则；可以破坏固体废弃物的组织结构，杀灭细菌，达到"无害化"原则；可以回收热量，生产蒸气和发电，体现了"资源化"原则。

3. 热解法

热解法是利用固体废物中有机物的热不稳定性，在无氧或缺氧条件下受热分解生成气、油和炭的过程。热分解主要是使高分子化合物分解为低分子，因此也称为"干馏"。其产物一般有以氢气、甲烷、一氧化碳、二氧化碳等低分子化合物为主的可燃性气体；以醋酸、丙酮、甲醛等化合物为主的燃料油；纯炭与金属、玻璃、沙土等混合形成的炭黑。将可燃性固体废弃物在无氧条件下加热到500～550℃转化为油状，若进一步加热至900℃时可几乎全部汽化。热解法因为是在缺氧条件下操作，产生的氮氧化物（NO_x）、硫氧化物（SO_x）、氯化氢（HCl）等较少，排气量也小，可减轻对大气的二次污染。但由于废物种类繁多，夹杂物质多，要稳定、连续地分解，在技术和运转操作上要求高、难度大。适合于热解的废物主要有废塑料、废橡胶、废轮胎、废油等。

4. 微生物分解法

微生物分解法是依靠自然界广泛分布的微生物，人为地促进可生物降解的有机物转化为腐殖肥料、沼气、饲料蛋白等，从而达到固体废物"无害化"的处理方法。目前应用较广泛的是好氧堆肥技术和厌氧发酵技术。

好氧堆肥是在通气的条件下，借助好氧微生物使有机物得以降解。堆肥温度一般在 $50 \sim 60℃$，最高可达 $80 \sim 90℃$，因此好氧堆肥又称为高温堆肥。

厌氧发酵是在无氧的条件下，借助厌氧微生物的作用来进行的，分为酸性发酵阶段和碱性发酵阶段。

5. 固化处理

固化处理是通过物理或化学的方法将有害固体废弃物固定或包容在惰性固体中，使之具有化学稳定性或密封性，降低或消除有害成分的逸出，是一种无害化处理技术。其要求处理后的固化体具有良好的抗渗透性、抗浸出性、抗冻融性以及良好的机械强度。根据废弃物的性能和固化剂的不同，固化技术常用的有水泥固化法、石灰固化法、热塑性材料固化法、热固性材料固化法、玻璃固化法、高分子有机物聚合固化法等。

第五节 化工清洁生产

一、清洁生产的发展和未来趋势

20 世纪 80 年代联合国环境规划署工业与环境规划活动中心就制定了清洁生产计划，主要包括五项内容：

（1）建立国际清洁生产信息交换中心（ICPIC）。

（2）出版《清洁生产简讯》等有关刊物。

（3）成立若干工业行业工作组致力于废物减量的清洁生产审计，编写清洁生产技术指南。

（4）进行教育和培训。

（5）开展清洁生产技术援助，帮助发展中国家和向市场经济转轨国家建立国家清洁生产中心等。

我国从 20 世纪 80 年代就开始研究推广清洁生产工艺，如将硫酸工业的水洗流程改为酸洗流程，一转一吸改为两转两吸，减少了酸性废水及 SO_2 废气的排放；又如氯乙烯生产中由乙炔法改为乙烯氧氯化法，避免了废汞催化剂的污染等。我国陆续研究开发了许多清洁生产技术，为清洁生产的实施打下了基础。

我国对清洁生产的管理也十分重视，专门成立了国家和地方清洁生产中心，指导企业逐步建立和健全企业清洁生产审计制度，在联合国环境规划署的帮助下进行了数百家企业的清洁生产审计，并取得了良好效果。逐渐完善了建设（改扩）项目的环境影响评价工作，并以此为立项审批的重要依据。

2016 年 4 月 22 日，170 多个国家领导人在纽约联合国总部签下《巴黎协定》，掀起了全球绿色低碳的转型大潮，力求不断减少温室气体的排放。在新的发展形势下，从"十四五"开局之年，"碳达峰""碳中和"就作为我国"十四五"污染防治攻坚战的重要目标，被首次写入经济和社会发展的五年规划。党和国家领导人提到要把碳达峰、碳中和纳入生态文明建设整体布局，实现 2030 年前碳达峰、2060 年前碳中和的目标。

二、清洁生产的实施

1. 强化内部管理

（1）物料装卸、储存与库存管理　物料装卸、储存与库存管理的程序如下。

① 对使用各种运输工具（铲车、拖车、运输机械等）的操作工人进行培训，使他们了解器械的操作方式、生产能力和性能。

② 在每排储料桶之间留有适当、清晰空间，以便直观检查其腐蚀和泄漏情况。

③ 包装袋和容器的堆积应尽量避免翻裂、撕裂、戳破和破裂。

④ 将料桶抬离地面，防止由于泄漏或混凝土"出汗"引起的腐蚀。

⑤ 不同化学物料储存应保持适当间隔，以防止交叉污染或者万一泄漏时发生化学反应。

⑥ 除转移物料外，应保持容器处于密闭状态。

⑦ 保证储料区的适当照明。

（2）预防泄漏的发生　预防泄漏计划的主要内容如下。

① 在装置设计时和试车以后进行危险性评价研究，以便对操作和设备设计提出改进意见，减少泄漏的可能性。

② 对容器、储槽、泵、压缩机和工艺设备以及管线适当进行设计并保持经常性维护保养。

③ 在储槽上安装溢流报警器和自动停泵装置，定期检查溢流报警器。

④ 保持储槽和容器外形完好无损。

⑤ 对现有装料、卸料和运输作业制订安全操作规程。

⑥ 铺砌收容泄漏物的护堤。

⑦ 安装联锁装置，阻止物料流向已装满的储槽或发生泄漏的装置。

⑧ 加强操作人员对泄漏严重后果的认识。

（3）废物分流

① 将危险废物与非危险废物分开。当将非危险废物与危险废物混在一起时，它们将都成为危险废物，因而不应使两者混合在一起，以便减少需处置的危险废物量，并大大节省费用。

② 按废物中所含污染物，将危险废物分离开，避免相互混合。

③ 将液体废物和固体废物分开。将液体废物和固体废物分开，可减少废物体积并简化废水处理。例如，含有较多固体物的废液可经过过滤，将滤液送去废水处理厂，滤饼可再生利用或填埋处置。

④ 清污分流。将接触过物料的污水与未接触物料的废水（如间接冷却水）分开，清水可循环利用，仅将污水进行处理。

（4）制定提高员工素质与建立激励机制的人事管理措施

① 制订废物减量计划。

② 制订职工培训计划。

③ 实行奖励制度。

④ 实行费用分摊的财务管理策略。

2. 工艺技术改革

工艺技术改革主要采取如下两种方式。

（1）生产工艺改革　改革生产工艺，减少废物产生体现在三个方面：开发、采用低废或无废生产工艺来替代落后的老工艺，提高反应收率和原料利用率，消除或减少废物产生量。

① 开发、采用低废或无废生产工艺来替代落后的老工艺。

例如采用流化床催化加氢法代替铁粉还原法旧工艺生产苯胺，可消除铁泥渣的产生（表 7-2）。

表 7-2　采用流化床催化加氢法代替铁粉还原法生产苯胺的新旧工艺对比

项目	旧工艺	新工艺
废渣量/(kg/t)	2500	5
蒸汽消耗/(t/t)	35	1
电耗/(kW·h/t)	220	130
苯胺收率/%	95~98	99

② 提高反应收率和原料利用率。采用高效催化剂既可提高反应选择性和产品收率，也可提高产量，减少副产物生成量和污染物排放量。

例如，丁二烯生产的丁烯氧化脱氢装置原采用钼系催化剂，转化率、选择性低，污染严重。后改用铁系 B-O$_2$ 催化剂，选择性由 70% 提高到 92%，丁二烯收率达到 60%，因而大大地降低了污染物排放量（表 7-3）。

表 7-3　不同催化剂丁烯氧化脱氢废水排放对比（以生产 1t 丁二烯计）

催化剂名称	废水量 /(t/t)	COD /(kg/t)	—C=O /(kg/t)	—COOH /(kg/t)	pH 值
铁系 B-O$_2$ 催化剂	19.5	180	12.6	1.78	6.32
钼系催化剂	23	220	39.6	30.6	2~3

③ 消除或减少废物产生量。

以乙烯生产为例，乙烯装置的废水排放量与装置的规模、工艺设备类型以及原料种类有密切关系。不同规模和原料乙烯装置的废液排放数据比较见表 7-4。

表 7-4　不同规模和原料乙烯装置的废液排放数据比较

生产规模/(×10⁴t/a)	裂解炉类型	原料	工艺废水/(t/t)	废碱液/(t/t)	其他废水/(t/t)
30	管式炉	轻柴油	0.23~0.28	0.01~0.02	含硫废水 0.1~0.15
11.5	管式炉	轻柴油	3.48	0.173	—
7.2	砂子炉	原油闪蒸油	2.22	0.11	—
0.6	蓄热炉	重油	4.0	1.5~2.5	排砂废水 22.4

（2）工艺设备改进　例如，北京某石油化工厂乙二醇生产，经过设备改造后，该厂废水量削减 $3.2×10^4$ t/a，COD 负荷削减 470t/a，每年可减少污水处理费 20.8 万元。此外，因提高产品收率，每年可多回收产品 384t，价值 123.84 万元，并且年节约物料价值 31.17 万元。

（3）原料的改变

① 原材料替代（指用无毒或低毒原材料代替有毒原材料）。

② 原料提纯净化（即采用精料政策，使用高纯物料代替粗料）。

（4）产品的改变

① 产品性能改善。

② 产品配方改变。

（5）废物的厂内再生利用技术

废物再生利用主要有以下两种方式：①废物利用与重复利用。②再生回收。

废物再生利用应注意以下两点：①考虑将废物在本厂内就地回收利用。②尽可能考虑全厂集中回收。

第六节　安全与环保管理

一、安全管理

1. 安全管理概述

（1）管理的概念　管理就是通过计划、组织、领导和控制，协调以人为中心的组织资源与职能活动，以有效实现目标的社会活动。管理的目的是有效地实现目标，所有的管理行为都是为实现目标服务的；管理是以计划、组织、领导和控制作为实现目标的手段；管理的本质是协调；管理的对象是以人为中心的组织资源与职能活动。

（2）安全管理的内涵　安全管理是管理中的一个具体的领域，狭义的安全管理是指对人类生产劳动过程中防止事故和控制事故发生的管理。从广义上来说，安全管理是指对物质世界的一切运动按对人类的生存、发展、繁衍有利的目标所进行的管理和控制。从化工企业生产角度来说，所谓的安全管理主要是指狭义上的安全管理。

（3）安全管理理论　安全管理理论是指从人类安全管理活动中概括出来的有关安全管理活动的规律、原理、原则和方法。安全管理理论是安全管理活动的一般性的、规律性的认识，是指导安全管理活动开展的理论依据。

① 安全管理的定义　安全管理从广义上可以把它定义为：为防止和控制人类活动的负效应和各种有害作用发生，最大限度减少其损失而采取的决策、组织、协调、整治和防范的行动。对生产领域而言，可以把安全管理定义为：在人类生产劳动过程中，为防止和控制事故发生并最大限度减少事故损失所采取的决策、组织、协调、整治和防范的行动。

② 安全管理的性质　安全管理从安全管理活动的产生和发生作用的机制来看，具有如下一些特性。

a. 社会功能性　安全管理是造福于人类社会，为人类社会所需要的。

b. 功利性管理　所有的管理都是功利的，亦即追求在经济等某个方面上有所收获。

c. 效益性管理　其目的就是追求效益。效益良好程度是评价管理好坏的标准之一。

d. 人为性管理　人的意志和意愿不同，管理行为就有不同。

e. 可变性管理　基于管理者的需要，管理的思想、方式、方法、手段以及管理机构、管理模式甚至管理机制都是可变的。

f. 强制性管理　即是管理者对被管理者施加的作用和影响，要求被管理者服从其意志，满足其要求，完成其规定的任务，这体现出管理的强制性。安全管理的强制性更突出。

g. 有序性管理　就是一种使无序变为有序的行动。

③ 安全管理的目的　人们在进行活动时，总会存在危险情况出现的可能。为了防止危险情况出现或防止危险情况转化成事故造成损害，必须进行安全管

理。安全管理的目的就是利于人们正常生产活动的平稳顺利开展，是为人们的安全活动服务的。事实上，人们所进行的一切活动都是为了生存发展，避免伤害，确保安全。

④ 安全管理的功能 安全管理具有决策、组织、协调、整治和防范等功能，可以归纳为基础性功能、治理性功能和反馈性功能三大类。

a. 基础性功能 包括决策、指令、组织、协调等。

b. 治理性功能 包括整治、防范等。

c. 反馈性功能 包括检查、分析、评价等。

⑤ 安全管理的对象 安全管理的对象就工业生产这个特定领域来说，有人、物、能量、信息。

判别安全的标准是人的利益，所以对人的管理是安全管理的核心，一切都以人的需求为核心。物、能量、信息等都是按照人的意愿做出安排，接受人的指令发动运转。设备、设施、工具、器件、建筑物、材料、产品等是发生事故出现危害的物质基础，都可能成为事故和发生危害的危险源，都应纳入安全管理之内。能量是一切危害产生的根本动力，能量越大所造成的后果也越大，因此对能量的传输、利用必须严加管理。从安全的角度看，信息也是一种特殊形态的能量，因为它能起引发、触动、诱导的作用。

2. 生产安全事故管理

事故管理包括事故分类与分级、事故报告与应急救援、事故调查与处理和事故预测等。

（1）事故分类与分级 事故可根据其性质和后果进行分类与分级。

① 按事故性质分类。

a. 生产事故 生产过程中，由于违反工艺规程、岗位操作法或操作不当等造成原料、半成品、成品损失或停产的事故，称为生产事故。

b. 设备事故 生产装置、动力机械、电气及仪表装置、运输设备、管道、建筑物、构筑物等，由于各种原因造成损坏、损失或减产等的事故，称为设备事故。

c. 火灾事故 凡发生着火，造成财产损失或人员伤亡的事故，称为火灾事故。

d. 爆炸事故 由于某种原因发生化学性或物理性爆炸，造成财产损失或人员伤亡及停产的事故，称为爆炸事故。

e. 工伤事故　由于生产过程中存在的危险因素影响，造成职工突然受伤，以致受伤人员立即中断工作的事故，称为工伤事故。

f. 交通事故　违反交通运输规则或由于其他原因，造成车辆损坏、人员伤亡或财产损失的事故，称为交通事故。

g. 质量事故　生产产品不符合产品质量标准，工程项目不符合质量验收要求，机电设备不符合检修质量标准，原材料不符合要求规格，影响了生产或检修计划的事故，称为质量事故。

h. 环保事故　化工石油生产中"三废"超标排放和"三废"处理设施停工直排等的事故，称为环保事故。

i. 破坏事故　因为人为破坏造成人员伤亡、设备损坏等的事故，称为破坏事故。

② 按事故损失分级。

根据国务院《生产安全事故报告和调查处理条例》，事故划分为特别重大事故、重大事故、较大事故和一般事故 4 个等级。

a. 特别重大事故　是指造成 30 人以上死亡，或者 100 人以上重伤（包括急性工业中毒，下同），或者 1 亿元以上直接经济损失的事故。

b. 重大事故　是指造成 10 人以上 30 人以下死亡，或者 50 人以上 100 人以下重伤，或者 5000 万元以上 1 亿元以下直接经济损失的事故。

c. 较大事故　是指造成 3 人以上 10 人以下死亡，或者 10 人以上 50 人以下重伤，或者 1000 万元以上 5000 万元以下直接经济损失的事故。

d. 一般事故　是指造成 3 人以下死亡，或者 10 人以下重伤，或者 1000 万元以下直接经济损失的事故。

（2）事故报告与应急救援　生产经营单位的主要负责人是本单位安全生产和环境保护工作的第一责任人，对本单位的安全生产和环境保护工作全面负责。其他负责人对职责范围内的安全生产和环境保护工作负责。

事故发生后，应立即启动相关应急预案，立即组织抢险救援，正确处理救护，防止事故的蔓延扩大。与此同时，事故现场有关人员应当立即向本单位负责人报告；单位负责人接到报告后，应当于 1 小时内向事故发生地县级以上人民政府安全生产监督管理部门和负有安全生产监督管理职责的有关部门报告。

情况紧急时，事故现场有关人员可以直接向事故发生地县级以上人民政府安全生产监督管理部门和负有安全生产监督管理职责的有关部门报告。安全生产监督管理部门和负有安全生产监督管理职责的有关部门接到事故报告后，应当依照下列规定上报事故情况，并通知公安机关、劳动保障行政部门、工会和人民检察院：

① 特别重大事故、重大事故逐级上报至国务院安全生产监督管理部门和负有安全生产监督管理职责的有关部门。

② 较大事故逐级上报至省、自治区、直辖市人民政府安全生产监督管理部门和负有安全生产监督管理职责的有关部门。

③ 一般事故上报至设区的市级人民政府安全生产监督管理部门和负有安全生产监督管理职责的有关部门。

安全生产监督管理部门和负有安全生产监督管理职责的有关部门逐级上报事故情况，每级上报的时间不得超过 2 小时。

《生产安全事故报告和调查处理条例》明确，报告事故应当包括下列内容。

① 事故发生单位概况。

② 事故发生的时间、地点以及事故现场情况。

③ 事故的简要经过。

④ 事故已经造成或者可能造成的伤亡人数（包括下落不明的人数）和初步估计的直接经济损失。

⑤ 已经采取的措施。

⑥ 其他应当报告的情况。

《生产安全事故报告和调查处理条例》还规定，事故报告后出现新情况的，应当及时补报。

（3）事故调查与处理　事故调查处理应当坚持实事求是、尊重科学的原则，及时、准确地查清事故经过、事故原因和事故损失，查明事故性质，认定事故责任，总结事故教训，提出整改措施，并对事故责任者依法追究责任。

特别重大事故由国务院或者国务院授权有关部门组织事故调查组进行调查。重大事故、较大事故、一般事故分别由事故发生地省级人民政府、设区的市级人民政府、县级人民政府负责调查。省级人民政府、设区的市级人民政府、县级人民政府可以直接组织事故调查组进行调查，也可以授权或者委托有关部门组织事故调查组进行调查。

未造成人员伤亡的一般事故，县级人民政府也可以委托事故发生单位组织事故调查组进行调查。

事故调查与处理的目的是查出事故原因，查清事故责任，吸取教训，采取有效的防范措施，消除事故隐患，改进安全技术管理。对各类事故的调查与处理应本着"四不放过"的原则，即：事故原因未查明不放过，责任未查清或责任人未处分不放过，事故相关责任人和职工未受到教育不放过，整改措施未落实不放过。

事故调查工作应注意以下几点。

① 明事故原因。

事故原因是在事故调查情况的基础上进行分析确认的。由于化工生产过程十分复杂，所以造成事故的原因也很复杂。事故原因一般可以从以下几方面分析确定：贯彻安全方针不力；组织管理不周；执行安全制度不严；违章指挥；违规作业；违反劳动纪律；违反工艺条件；设计不合理；工艺过程不完善；设备管道有缺陷；计控仪表不准；防护设施失效；警告标志不清或没有；天灾人祸预防不力等。

② 查清事故责任及责任人。

每一次事故都应认真查清发生事故的责任及责任人。

③ 落实防范措施。

针对事故原因，吸取教训，制定防范措施，严格组织落实，做好安全工作。

④ 进行事故教育。

发生事故的单位，进行事故调查处理后填写事故报告，召开事故报告会，对员工和责任人进行事故教育。

除此之外，企业还应按要求定期进行事故预测和应急演练，以提高企业防范事故的能力。

二、环境保护管理

对于环境，我国《环境保护法》把它定义为"是指影响人类生存和发展的各种天然的和经过人工改造的自然因素的总体"。环境管理是指国家运用经济、科技、法律、政策、教育等多种手段对各种影响环境的活动进行规划、协调和监督。环境管理的基本任务是转变人类社会的一系列基本观念，调整人类社会的行为，以求达到人类社会发展与自然环境的承载能力相协调的目的。就企业而言，环境管理是指企业在生产经营活动中，既要追求经济效益又要关注社会效益和保护环境，通过管理，控制其对环境的影响，以实现企业与环境的和谐发展。

1. 工业企业环境管理的基本内容

环境管理有下列几个方面的基本内容。

(1) 组织全企业贯彻执行国家和地方政府的环境保护法规和方针政策。国家和地方各级政府制定的各项环境保护方针、政策、法规、标准、制度和实施办法，是实现环境目标的法律依据和措施，工业企业必须认真贯彻和实施。企业要结合自己的具体情况制订出环境规划、计划以及相应的专业管理制度和实施办法，以保证国家和地方政府下达的各项环境保护任务的完成。

(2) 推进综合防治以减小和消除环境污染。治理企业现有的污染是环境保护管理工作中一项经常的、工作量大的任务。环境管理实践及环境科学研究都证明，综合防治才是企业减小和消除环境污染正确的途径。因此，必须坚持以防为主的原则，从采用新技术、新工艺入手，着眼于系统的综合防治，来保证生产过程少排放或不排放废弃物和污染物，做到清洁文明生产，向循环经济发展。

(3) 掌握监控企业环境质量的状况和变化。随着生产工艺技术的进步和生产规模的大型化，企业排放的污染物日趋增多和复杂化。这些污染物对环境要素以及生态系统的影响也变得严重和复杂。因此，要随时掌握企业污染物排放情况及其对环境的影响程度，预测环境质量的变化趋势，并据此调整企业生产排污状况。

(4) 控制新建、扩建、改建工程项目对环境的影响。实践证明，企业建成后，厂址已定，工艺装备和环境保护设施的技术水平在相当长的时期内是难以改变的。因此，对新建企业，必须从筹建时起就进行严格的环境管理和控制，以保证其投产后不致对环境造成严重的污染和危害。对现有企业的扩建、改建工程也要实行严格的控制管理。

(5) 组织开展环保宣传教育和环境科学技术研究，创建"绿色企业"。

2. 工业企业环境管理体制

工业企业环境管理体制就是在企业内部建立全套从领导、职能科室到基层单位以及班组，在污染预防与治理、资源节约与再生、环境设计与改进以及遵守政府的有关法律法规等方面的各种规定、标准、制度甚至操作规程等，并有相应的监督检查制度，以保证在企业生产经营的各个环节中得到执行。

我国颁布的环境保护条例中明确规定，厂长、经理在环境保护方面对国家应负法律责任。企业的最高管理者的环境保护意识对企业的环境管理具有关键性的作用。

化工企业的环境管理具有突出的综合性、系统性、全员性、全过程性及专业性等特点，因此它必须渗透到企业全体员工和各项管理之中，同企业生产经营管理紧密结合。只有这样，企业环境管理的目标才能得到真正的实现。

企业环境管理的基础在基层，环境管理要落实到车间与岗位，建立厂部、车间及班组的企业环境管理网络，明确相应的管理人员及职责，使企业环境管理工作在厂长、经理的领导下，通过企业自上而下的分级管理，自下而上的群众监督，得到有力、有效的实施。

参考文献

[1] 蔡凤英，谈宗山，孟赫. 化工安全工程 [M]. 北京：科学出版社，2009.

[2] 陈凤棉. 压力容器安全技术 [M]. 北京：化学工业出版社，2004.

[3] 陈卫红，陈镜琼，史廷明. 职业危害与职业健康安全管理 [M]. 北京：化学工业出版社，2006.

[4] 崔国璋. 安全管理 [M]. 北京：中国电力出版社，2004.

[5] 崔克清. 危险化学品安全技术与管理 [M]. 北京：煤炭工业出版社，2006.

[6] 邓斌，陶文铨. 管壳式换热器壳侧湍流流动的数值模拟及实验研究 [J]. 西安交通大学学报，2003，37（9）：6.

[7] 葛晓军，周厚云，梁缙，等. 化工生产安全技术 [M]. 北京：化学工业出版社，2008.

[8] 顾小焱. 化学实验室安全管理 [M]. 北京：科学技术文献出版社，2017.

[9] 关荐伊. 化工安全技术. 北京：高等教育出版社，2006.

[10] 蒋军成. 危险化学品安全技术与管理 [M]. 北京：化学工业出版社，2015.

[11] 雷敬炎，杨旭升，柯进生，等. 实验室管理与研究 [M]. 武汉：中国地质大学出版社，2015.

[12] 李德江，陈卫丰，胡为民. 化工安全生产与环保技术 [M]. 北京：化学工业出版社，2019.

[13] 李婷婷，武子敬. 实验室化学安全基础 [M]. 成都：电子科技大学出版社，2016.

[14] 李文彬. 化工安全技术 [M]. 北京：中央广播电视大学出版社，2011.

[15] 梁朝林. 绿色化工与绿色环保 [M]. 北京：中国石化出版社，2002.

[16] 刘景良. 化工安全技术 [M]. 4 版. 北京：化学工业出版社，2019.

[17] 刘荣海. 安全原理与危险化学品测评技术 [M]. 北京：化学工业出版社，2004.

[18] 刘作华，陶长元，范兴. 化工安全技术 [M]. 重庆：重庆大学出版社，2018.

[19] 陆春荣，王晓梅. 化工安全技术 [M]. 苏州：苏州大学出版社，2009.

[20] 马小明，田震，甄亮. 企业安全管理 [M]. 北京：国防工业出版社，2007.

[21] 满春生. 化工企业管理安全及环保 [M]. 长春：吉林科学技术出版社. 1986.

[22] 齐向阳，刘尚明，栾丽娜. 化工安全与环保技术 [M]. 北京：化学工业出版社，2016.

[23] 人力资源和社会保障部教材办公室组织. 化工安全与环保 [M]. 北京：中国劳动社会保障出版社，2010.

[24] 邵辉，王凯全. 危险化学品生产安全 [M]. 北京：中国石化出版社，2005.

[25] 邵强，胡伟江，张东普. 职业病危害卫生工程控制技术 [M]. 北京：化学工业出版社，2005.

[26] 孙道兴. 危险化学品安全技术与管理 [M]. 北京：中国纺织出版社，2011.

[27] 谭蔚. 压力容器安全管理技术 [M]. 北京：化学工业出版社，2006.

[28] 王德堂，孙玉叶. 化工安全生产技术 [M]. 天津：天津大学出版社，2009.

[29] 王德堂，周福富. 化工安全设计概论 [M]. 北京：化学工业出版社，2008.

[30] 王明明，蔡仰华，徐桂岩. 压力容器安全技术 [M]. 北京：化学工业出版社，2004.

[31] 温路新. 化工安全与环保 [M]. 北京：科学出版社，2014.

[32] 吴济民，杜卫新，陈聚良. 化工生产与安全技术 [M]. 徐州：中国矿业大学出版社，2014.

[33] 吴健. 化工生产与安全技术 [M]. 杭州：浙江大学出版社，2017.

［34］ 夏永放，张浩，吕洁，等．用 CFD 对间接蒸发冷却换热器的三维数值模拟［J］．沈阳工业大学学报，2006，28（4）：5.

［35］ 邢娟娟．职业危害评价与控制［M］．北京：航空工业出版社，2005.

［36］ 熊智强，喻九阳，曾春．折流板开孔改进管壳式换热器性能的 CFD 分析［J］．武汉工程大学学报，2006，028（004）：67-69.

［37］ 杨伯涵．化工生产安全基础知识实用读本［M］．苏州：苏州大学出版社，2017.

［38］ 杨娟．化工安全及环保技术研究［M］．北京：中国商业出版社，2017.

［39］ 杨启明．压力容器与管道安全评价［M］．北京：机械工业出版社，2008.

［40］ 易俊，鲁宁．化工生产过程安全技术［M］．北京：中国劳动社会保障出版社，2010.

［41］ 臧利敏，杨超．材料及化工生产安全与环保［M］．成都：电子科技大学出版社，2019.

［42］ 张景林，吕春玲，苟瑞君．危险化学品运输．北京：化学工业出版社，2006.

［43］ 智恒平，魏葆婷．化工安全与环保［M］．2 版．北京：化学工业出版社，2016.

［44］ 周艳，孙学珊，魏利鹏．实验室安全指导手册［M］．天津：天津科学技术出版社，2017.